U0085086

素的下飯菜。

輕鬆做出100道
中西式扒飯料理

朱雀文化

作者序

愛上蔬食　一起品味素食的美好！

說起我的一手廚藝，真得謝謝家人工作繁忙，讓我從小就得時常自己下廚。煮著煮著，竟也煮出興趣來，讀書時更以餐飲科為目標，進入「東吳高職」就讀。在校期間，從許多位老師身上學習到正統的基礎廚藝，同時在導師輔導下，考取相關餐飲證照。

說起我「吃素」的理由，是年少輕狂時，總愛標新立異、與眾不同，於是我開始吃素，那時之所以覺得「吃素好酷」，是因為我和別人不一樣；但吃素、禮佛這麼多年，現在的我，覺得吃素「真的很酷」。撇開宗教理由不談，光是吃素能減少碳排量，就是一件很棒的事。

從學校畢業後，曾任職多家知名蔬食餐廳，從中學會多種菜系及模式。我喜歡自創食譜，用最簡單平凡的食材，做出讓人驚艷的好料理；也喜歡挑戰高難度，尤其是將耳熟能詳的葷食菜色，用素菜手法料理出來，讓人愛上吃素、喜歡吃素，這種成就感真是無與倫比。

2018 年 1 月，我在臉書上創立了「蔬食樂煮藝」粉絲專頁，以直播方式，教大家做蔬食料理。成立以來，深獲消費者喜愛，也因此有了出書的機會。在這本書中，我設計了 100 道非常好吃的素食料理，從重口味的爆炒 & 燒煮類，到清爽可口的涼拌 & 小菜類，還有讓人欲罷不能的煎烤 & 炸物類等等，每一道都兼具美味與營養，希望更多人愛上素食！

這本書能夠出版，除了來自粉絲們的支持，也要真心感謝「清明寺準提蔬苑」無償提供拍攝場地，讓我們得以呈現如此美味的畫面，讓拍攝的過程無比順暢。書中我利用了葷食手法，讓蔬食變得更美味、更驚艷，也將原本複雜的料理方式簡化，希望每個人都可以輕鬆上手，同時也因為這樣愛上蔬食，並且加入推廣，大家一起品味素食的美好！

高振瑋

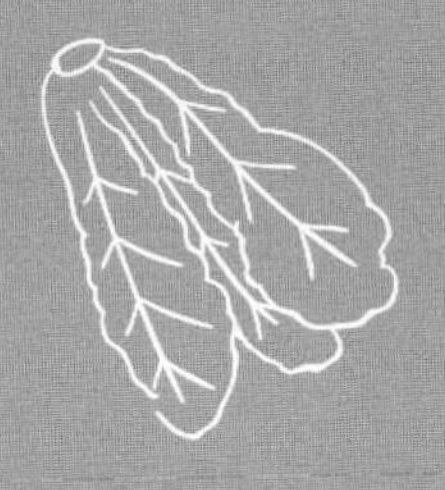

如何使用本書

書中食譜以難易程度分為三類「★」。
★烹飪新手也可以輕鬆完成的料理新手入門款。
★★需要多一點調理時間及食材處理的挑戰自我中階款。
★★★製作時間稍長、步驟略微繁複的晉升高手高階款。

清楚的材料、調味料等分類，事先準備好料理起來不會手忙腳亂。

材料

杏鮑菇	600 公克
玉米筍	100 公克
碧玉筍	50 公克
大辣椒	15 公克
老薑	80 公克
九層塔	20 公克

調味料

素蠔油	30 公克
醬油	10 公克
冰糖	10 公克
麻油	10 公克
香油	25 公克
水	400 公克

跟著作者的做法，一步步做出美味的料理。

做法

1 杏鮑菇切成斜厚片，中心掏空後（留約 1 公分寬）如同花枝圈，剩約 400 公克量；玉米筍切滾刀；碧玉筍切斜段；大辣椒去籽切菱形片；老薑切薄片；九層塔去除梗洗淨備用。

2 準備一鍋熱水，杏鮑菇汆燙約 30 秒後，撈起沖冷水備用；玉米筍汆燙軟後瀝乾。

3 熱鍋加入香油，先以小火煸炒薑片至乾煸（邊緣焦黃捲起），加入水、素蠔油、醬油、冰糖，改成中火煮沸後，再加入玉米筍及杏鮑菇，待收汁前放入九層塔、碧玉筍、大辣椒，轉成大火快速拌炒收汁。

4 起鍋前淋入黑麻油補足香氣（若有食用酒也能少許熗鍋邊），即可盛盤上桌。

想吃什麼樣類別的下飯菜，一目了然！

建議的食用人數，方便食材的準備。

烹飪料理時該注意的小細節。

\ 瑋廚小叮嚀 /

- 杏鮑菇要挑選菇傘面完整、菇體飽滿、表面不潮濕較為新鮮。
- 本道菜烹調時間不宜過久，以免讓杏鮑菇持續出水，成品分量看起來會比較少，同時它也不像雞肉會有膠質讓醬汁變濃稠，所以加入蠔油醬汁較容易吸附食材。
- 為避免麻油長時間高溫烹調變質變苦，所以選擇最後加入可以讓香氣整個提升。若有食用酒可以將水改成米酒，沸煮至無酒精成分，也會讓整道菜更道地。

Contents
目錄

Part1
爆炒&燒煮類

Part2 醬汁&拌炒類

Part3 清燴&蒸煮類

Part4 涼拌&小菜類

Part5 煎烤&炸物類

由淺入深 難易度一覽表

馬鈴薯燉肉
P.34

宮保猴頭菇
P.10

麻婆豆腐
P.24

客家小炒
P.12

三杯中卷
P.15

酸菜
炒麵腸
P.35

Part 1
爆炒&燒煮類

紅燒
獅子頭
P.28

熗出美味、
燒煮入味的下飯料理，
小心連扒 3 碗飯！

難易度
★★
4~6
人份

宮保猴頭菇。

宮保菜系是著名川菜，
烹調手法可運用在多種食材上。
猴頭菇帶有纖維的口感，
以宮保方式烹調，
可做出如同雞肉的味覺享受，
食譜中添加水果增加風味，
並紓緩嗆辣感，
使得整道菜口感更添層次。

材料

猴頭菇	300 公克
杏鮑菇	100 公克
黃椒	30 公克
紅椒	30 公克
青椒	30 公克
蘋果	50 公克
乾辣椒	15 公克
油花生	50 公克

粉料

地瓜粉	20 公克

炸油

沙拉油	600 公克

調味料

沙拉油	20 公克
A	
蕃茄醬	30 公克
醬油	10 公克
烏醋	30 公克
糖	15 公克
白醋	10 公克
水	200 公克
B	
白醋	些許

做法

1 猴頭菇切小塊（約一口大小）；杏鮑菇刻花後切滾刀塊；三色彩椒切菱形片；蘋果削皮去籽，切小塊泡鹽水備用。

2 猴頭菇沾上地瓜粉，靜候 5 分鐘反潮（見 P.11「瑋廚小叮嚀」）。

3 鍋中倒入 600 公克沙拉油，以大火燒至油溫約 170℃，將沾粉的猴頭菇放入油中，過油至金黃色；杏鮑菇過油至金黃色；三色彩椒過油（約 10 秒），分別撈起瀝油，將調味料 A 調勻備用。

4 取一炒鍋，加入 20 公克沙拉油，放入乾辣椒煸炒變亮紅色，立刻倒入調味水 **A** 及杏鮑菇一同燒煮，再放入猴頭菇拌炒至湯汁略濃稠後，加入三色彩椒、油花生快速拌炒，起鍋前於鍋邊再淋上些許白醋（調味料 **B**）熗味即成。

瑋廚小叮嚀

- 杏鮑菇切花刀（以 45 度角切出一道道平行花紋，再將食材轉 90 度繼續切，就是十字花刀）可以方便快速入味，更能增加美感。
- 反潮（食材沾上粉類後，靜待粉變潮濕沾黏在食物上）適用於炸物，讓食材本身水分與裹粉結合，油炸過程不易掉粉。
- 炒乾辣椒以小火炒至變紅即可，以免炒過頭反苦，變成燒焦味。

客家小炒。

難易度 ★★★ 4~6人份

客家小炒是一道經典的客家菜，源自於勤儉持家的客家人，將所能保存的臘肉及乾貨魷魚，經過大火爆炒，呈現出的一道美味，材料換成素料，仍舊可以呈現下飯的美味！

\ 瑋廚小叮嚀 /

- 蒟蒻魷魚用鹽水汆燙入味，可縮短炒的時間，更容易吸收湯汁。
- 抓醃是將食材拌入醃料後用手抓勻，以按摩手法般持續用手抓食材使其軟化，讓食材更易入味。

材料

豆乾	150 公克
蒟蒻紅魷魚	100 公克
素肉絲	100 公克
杏鮑菇	100 公克
碧玉筍	20 公克
大辣椒	20 公克
芹菜	80 公克
薑末	10 公克

調味料

香油	15 公克
辣椒醬	30 公克
水	400 公克
素蠔油	10 公克
醬油	10 公克
白胡椒粉	2 公克
糖	3 公克

炸油

沙拉油	300 公克

醃料

A

五香粉	2 公克
醬油	10 公克
糖	5 公克
素蠔油	5 公克
水	100 公克

B

烏醋	20 公克
糖	5 公克
五香粉	2 公克
醬油	3 公克

做法

1. 豆乾先片成薄片後再切成細絲、蒟蒻魷魚切絲，放入加了鹽的滾水中汆燙約 3 分鐘；素肉絲先泡水軟化後，擠乾水分放入醃料 A 中抓醃；杏鮑菇切粗絲，放入醃料 B 中抓醃；碧玉筍切斜絲、大辣椒去籽切細絲、芹菜挑掉葉子切小段備用。

2. 鍋中倒入沙拉油，以大火燒至油溫約 180℃，依序將以下食材過油處理；豆乾炸至外表金黃、素肉絲炸乾上色、杏鮑菇炸上色、魷魚炸至乾煸，每個食材分別撈起瀝油備用。。

3. 另起炒鍋，開小火，加入香油炒香薑末，加入辣椒醬拌炒，再放入做法 2 的所有食材，加入水，並下調味料煨煮入味後，加入碧玉筍、辣椒絲、芹菜段，開大火收汁即成。

京醬肉絲。

難易度 ★★
4~6 人份

京醬肉絲是一道傳統的北京風味菜餚，以甜麵醬及其他調味品，用北方「醬爆」技法烹製而成。蔬食者食用時以碧玉筍加上小黃瓜增添爽口口感。口味鹹甜適中，醬香濃郁，風味獨特。

材料

素肉絲	300 公克
小黃瓜	100 公克
碧玉筍	80 公克

調味料

沙拉油	20 公克
甜麵醬	30 公克
醬油	5 公克
素蠔油	10 公克
糖	10 公克
水	200 公克
胡椒粉	2 公克

炸油

沙拉油	600 公克

醃料

五香粉	2 公克
醬油	5 公克
甜麵醬	20 公克
糖	5 公克
水	100 公克
玉米粉	10 公克

做法

1 素肉絲泡發以醃料醃製 20 分鐘；小黃瓜切約 5 公分長細絲；碧玉筍對切後切細絲，泡冰水備用。

2 鍋中倒入 600 公克沙拉油，以大火燒至油溫約 180℃，將素肉絲擠乾水分過油，至焦褐色即可撈起瀝油，此時可將調味料拌勻備用。

3 炒鍋放入 20 公克沙拉油，炒香調味料，放入素肉絲翻炒至吸乾湯汁。

4 盤底鋪上小黃瓜絲，擺上京醬肉絲，肉絲上再放適量的碧玉筍絲即成。

瑋廚小叮嚀

- 素肉絲是乾貨，需要以熱水泡發（約 15 分鐘），發泡好後，以冷水流動的走水方式 10 分鐘去除豆腥味。
- 在醃料時加入甜麵醬，是為了讓食材與醬汁味道可以一致。
- 炒好的京醬肉絲不但可配飯，用烙餅包覆享用也很搭喔！

魚香茄子。

難易度 ★★
4~6 人份

魚香茄子是一道經典川菜，魚香是川菜傳統味道之一，菜餚呈現具備魚香氣，但食材卻無魚的成分，不食五辛者，仍可用其他香料做替代，美妙的滋味在享用後，口中仍殘留著餘香。

\瑋廚小叮嚀/

- 甜酒釀烹煮過後留下米糟的香氣及甜味，是魚香的重點來源。
- 茄子切開後會氧化，過油後即可恢復原本亮白顏色，不建議泡水以免流失茄子的甜分。

材料

茄子	600 公克
素肉末	80 公克
木耳	55 公克
大辣椒	20 公克
薑	50 公克
碧玉筍	20 公克

調味料

香油	20 公克
辣豆瓣醬	50 公克
甜酒釀	30 公克
水	400 公克
醬油	15 公克
糖	10 公克
鹽	3 公克
白醋	適量
花椒粉	適量

炸油

沙拉油	1,000 公克

芡汁

太白粉	10 公克
水	30 公克

做法

1. 茄子去頭尾切約 5 公分段再剖半；素肉末泡發後瀝乾；木耳切末；辣椒及薑切末放一起；碧玉筍切成如蔥花一樣泡水；芡汁調勻備用。

2. 鍋中倒入沙拉油，以大火燒至油溫約 180℃，將茄子過油變成亮紫色，起鍋瀝油備用。

3. 開大火熱鍋，倒入香油，放入素肉末煸炒至金黃，將薑末及辣椒末及辣豆瓣醬拌炒至亮紅，續加入甜酒釀，放入水、醬油、糖及鹽調味，加入過油的茄子轉中火燒煮，起鍋前，再勾薄芡，鍋邊淋上白醋熗味，撒上花椒粉及碧玉筍即成。

三杯中卷。

難易度 ★★★ 4~6 人份

三杯料理源於江西，現今可說是台式熱炒菜經典，由米酒、麻油、醬油各一杯組合而成，醬汁鹹中帶甜，再搭配九層塔，直教人多吃一碗飯！就連用黑麻油煸炒過後的薑片，都讓人一口接著一口。

材料

杏鮑菇	600 公克
玉米筍	100 公克
碧玉筍	50 公克
大辣椒	15 公克
老薑	80 公克
九層塔	20 公克

調味料

香油	25 公克
水	400 公克
素蠔油	30 公克
醬油	10 公克
冰糖	10 公克
黑麻油	10 公克

做法

1 杏鮑菇切成斜厚片，中心掏空後（留約 1 公分寬）如同花枝圈，剩約 400 公克量；玉米筍切滾刀；碧玉筍切斜段；大辣椒去籽切菱形片；老薑切薄片；九層塔去除梗洗淨備用。

2 準備一鍋熱水，杏鮑菇汆燙約 30 秒後，撈起沖冷水備用；玉米筍汆燙軟後瀝乾。

3 熱鍋加入香油，先以小火煸炒薑片至乾煸（邊緣焦黃捲起），加入水、素蠔油、醬油、冰糖，改成中火煮沸後，再加入玉米筍及杏鮑菇，待收汁前放入九層塔、碧玉筍、大辣椒，轉成大火快速拌炒收汁。

4 起鍋前淋入黑麻油補足香氣（若有食用酒也能少許熗鍋邊）即成。

\瑋廚小叮嚀/

- 杏鮑菇要挑選菇傘面完整、菇體飽滿、表面不潮濕較為新鮮。
- 本道菜烹調時間不宜過久，以免讓杏鮑菇持續出水，成品分量看起來會比較少，同時它也不像雞肉會有膠質讓醬汁變濃稠，所以加入蠔油醬汁較容易吸附食材。
- 為避免麻油長時間高溫烹調變質變苦，選擇最後加入可以讓香氣整個提升。若有食用酒可以將水改成米酒，沸煮至無酒精成分，也會讓整道菜更道地。

難易度
★★
4~6
人份

醬爆肥腸。

醬爆肥腸是一道快炒佳餚，
以醬汁快速拌炒，
進而沾裹於替代品的麵腸上，
口感及香氣都十分仿真，
相當適合當作下飯菜。

材料

麵腸	400 公克
杏鮑菇	150 公克
碧玉筍	50 公克
大辣椒	20 公克
紅椒	50 公克

調味料

香油	20 公克
辣豆瓣醬	30 公克
蕃茄醬	20 公克
水	200 公克
素蠔油	35 公克
醬油	10 公克
糖	15 公克

炸油

沙拉油	800 公克

做法

1 麵腸切成圓長形狀由內往外翻出；杏鮑菇切花刀後切滾刀塊；碧玉筍切斜段；大辣椒及紅椒分別去籽切菱形片備用。

2 鍋中倒入沙拉油，以大火燒至油溫約 180℃，分別將麵腸及杏鮑菇過油至金黃，取出瀝油。

3 開大火熱鍋，加入香油，辣豆瓣醬及蕃茄醬先炒香，加入水、素蠔油、醬油、糖沸滾後，加入過油瀝乾的麵腸及杏鮑菇拌炒，待湯汁濃稠時，將大辣椒及紅椒、碧玉筍加入拌炒收汁即成。

瑋廚小叮嚀

- 麵腸切小塊後，由內往外翻，可在過油後更容易吸附湯汁。
- 如果本身不吃辣，可以將辣豆瓣醬改成豆瓣醬即可。
- 製作的菜餚若屬快炒菜，建議將杏鮑菇切花刀（見 P.11「瑋廚小叮嚀」）

，以便短時間能夠入味。

難易度
★★
4~6
人份

黑胡椒雞柳。

以杏鮑菇獨特口感，製作出仿如雞肉纖維的雞柳，搭配上三色彩椒，以及香辣可口的黑胡椒醬，味覺、視覺都滿足。

材料

杏鮑菇	350 公克
紅椒	60 公克
黃椒	60 公克
青椒	60 公克

調味料

地瓜粉	30 公克
香油	10 公克
黑胡椒粒	10 公克
蕃茄醬	40 公克
水	350 公克
素蠔油	40 公克
糖	15 公克
鹽	2 公克

炸油

沙拉油	600 公克

芡汁

太白粉	20 公克
水	40 公克

做法

1 杏鮑菇剝成粗條（柳狀），加入鹽及少許黑胡椒抓醃；紅黃青椒分別去籽切細絲；芡汁調勻備用。

2 杏鮑菇沾上地瓜粉，靜候 5 分鐘反潮（見 P.11「瑋廚小叮嚀」）。

3 鍋中倒入沙拉油，以大火燒至油溫約 180℃時，將沾粉的杏鮑菇過油後撈起瀝油，再將三色彩椒過油約 10 秒起鍋瀝油備用。

4 取另一炒鍋，熱鍋加入香油，將黑胡椒粒及蕃茄醬放入炒香後，加入水並且以素蠔油、糖及鹽調味，待醬汁沸滾後，再勾薄芡，將做法 **3** 倒入後，快速拌炒起鍋即成。

瑋廚小叮嚀

- 杏鮑菇以手剝成粗絲的手法，讓醃料較易附著、容易入味，同時口感上較富纖維感。
- 黑胡椒炒製過後辣度會提升，蕃茄醬炒製過後顏色會變亮紅，營養也更容易吸收。

薑絲炒大腸。

難易度 ★★★
4~6 人份

此道菜隸屬客家料理四炒之一，用大量薑絲及酸菜爆炒，勾勒出酸香氣味，在蔬食當中運用杏鮑菇多變的特性，也能呈現如同大腸脆口的口感。

材料

杏鮑菇 600 公克
酸菜心 100 公克
薑 120 公克
碧玉筍 50 公克
大辣椒 20 公克

調味料

香油 20 公克
米豆醬 10 公克
水 350 公克
白醋 20 公克
鹽 3 公克
糖 10 公克

炸油

沙拉油 600 公克

芡汁

太白粉 10 公克
水 30 公克

做法

1 杏鮑菇直刀切薄片；酸菜心切細絲；薑切絲；碧玉筍切斜段；大辣椒去籽切菱形片；芡汁調勻備用。

2 杏鮑菇入滾水汆燙約 15 秒，撈起瀝乾後捲成圓圈用牙籤固定，鍋中倒入沙拉油，以大火燒至油溫約 170℃，將杏鮑菇過油炸至金黃定型，冷卻後再拔除牙籤。

3 開大火熱鍋，倒入香油，加入薑絲炒香後，放入酸菜心翻炒，再加入米豆醬拌炒後，加入水稍微煨煮，再以白醋、鹽、糖調味，將過油定型的杏鮑菇及辣椒片加入拌炒，再加碧玉筍炒勻後，勾薄芡即成。

瑋廚小叮嚀

- 杏鮑菇薄度不宜太薄，以免汆燙及過油後，菇體過度縮水，影響口感。
- 本道菜烹調時間不宜過久，杏鮑菇最後下可以保留完整形狀。
- 酸菜心本身具有酸鹹，烹煮時需確認酸菜味道出來，再下調味料調整。
- 薑可以不用去皮，也不需刻意切太細，以免成品看起來量很少。

泰式打抛豬。

打抛是一種泰式香草，
在台灣普遍使用九層塔替代，
這道酸辣適中、
鹹香風味的經典泰式佳餚，
無論拌飯、麵，
都是非常合適的下飯菜。

材料

麵腸	120 公克
杏鮑菇	120 公克
素肉末	100 公克
牛蕃茄	100 公克
大辣椒	30 公克
老薑	20 公克
九層塔	40 公克

調味料

香油	10 公克
水	250 公克
素蠔油	20 公克
醬油	20 公克
糖	8 公克
鹽	2 公克
檸檬汁	30 公克

做法

1 麵腸切小丁；杏鮑菇切小丁；素肉末泡發瀝乾；牛蕃茄去掉蒂頭切丁；大辣椒切細末；老薑切細末；九層塔去除梗，洗淨後切末備用。

2 熱鍋加入香油，先將麵腸煸炒至金黃，續加入杏鮑菇及素肉末翻炒，再下薑末、辣椒末、牛蕃茄炒香，加入水後，分別加入素蠔油、醬油、鹽、糖調味。

3 煨煮約 5 分鐘入味，起鍋前放入九層塔拌炒均勻，盛盤前加入檸檬汁提味即成。

瑋廚小叮嚀

- 麵腸煸炒金黃，可以去除麵腸的生味外，更易吸附湯汁。
- 起鍋前下檸檬汁，可以保留酸度及提升菜餚的香氣。
- 若想讓香氣更濃郁，亦可加入少許羅勒粉。

螞蟻上樹。

螞蟻上樹是一道中國川菜，
菜名源於肉末沾附在粉絲上，
形同如螞蟻在樹枝上爬行，
運用豆瓣醬調味，
鹹香辣的口感，
配上白飯，
任誰都會多吃幾口飯呢！

材料

冬粉	2個（約95公克）
素肉末	60公克
乾香菇	5公克
大辣椒	1條（10公克）
碧玉筍	10公克
薑末	10公克
黑芝麻	適量

調味料

沙拉油	30公克
辣豆瓣醬	40公克
醬油	10公克
水	300公克
素蠔油	20公克
糖	10公克
胡椒粉	2公克
辣油（香油）	適量

做法

1. 冬粉泡熱水軟化後瀝乾，剪成小段狀備用。

2. 素肉末泡水軟化，擠乾水分切碎，加入少許醬油醃漬；乾香菇、大辣椒切末、碧玉筍切細泡水備用。

3. 開大火熱鍋，倒入沙拉油，放入醃過醬油的素肉末，炒香後加入乾香菇末，煸炒至金黃。

4. 續加入辣椒末及薑末，稍微拌炒後加入辣豆瓣及醬油，炒香後加入水，再以素蠔油、糖、胡椒粉調味，轉成中火煨煮至素肉末入味（約5分鐘），最後放入冬粉拌炒吸飽湯汁即可盛盤。

5. 撒上碧玉筍及黑芝麻做裝飾，淋上辣油增加香辣風味即成。

瑋廚小叮嚀

- 素肉末是乾貨，需要以熱水泡發（約15分鐘），發泡好後，還須以冷水流動的走水方式10分鐘去除豆腥味。
- 乾香菇洗淨後沖熱水瀝乾，加蓋燜軟，味道會更濃郁喔！
- 如果不太能吃辣，可以去除辣椒籽，以香油取代辣油。

咖哩土豆燒肉末。

用咖哩炒香素肉末，
用慢火燉煮成濃郁湯汁，
拌在飯上，
不僅讓大人小孩都愛上，
還會不自主的多吃兩碗飯。

材料

乾香菇	40 公克
素肉末	150 公克
馬鈴薯	150 公克
紅蘿蔔	100 公克
玉米粒	100 公克
毛豆仁	80 公克
香茅	20 公克

調味料

沙拉油	30 公克
水	1,000 公克
鹽	2 公克
糖	5 公克
咖哩塊	120 公克
咖哩粉	5 公克

做法

1 乾香菇泡軟後切小丁；素肉末泡發擠乾水分；馬鈴薯削皮後切小丁；紅蘿蔔切小丁；香茅切絲備用。

2 熱鍋加入沙拉油，放入乾香菇炒香後加入紅蘿蔔、馬鈴薯、素肉末翻炒，再加入咖哩粉炒香，加入水，再將咖哩塊、玉米粒、毛豆仁放入，以鹽、糖調味，再以小火慢燉10分鐘，待湯汁濃郁後，即可起鍋，擺上香茅絲做裝飾。

瑋廚小叮嚀

- 土豆就是馬鈴薯。
- 這道料理若能燉煮到馬鈴薯完全軟爛，是最佳入口時機。
- 若是要拌在飯上，口味可以重一點；若是要當一道菜，就可清淡些，看個人需求。

麻婆豆腐。

難易度
★★
4~6
人份

經典川菜代表之一，
同時也是家常菜首選。
這道菜擁有
獨特的麻辣風味，
其中麻來自花椒、
辣來自辣椒，
搭配滑嫩的豆腐，
讓人一吃上癮。

材料

嫩豆腐	600 公克
素肉末	80 公克
乾香菇	10 公克
芹菜	20 公克
大辣椒	20 公克
薑	20 公克

調味料

沙拉油	20 公克
花椒粒	5 公克
辣豆瓣醬	60 公克
醬油	20 公克
糖	8 公克
素蠔油	10 公克

其他

太白粉	10 公克
水	30 公克
花椒粒	適量
沙拉油	1 大匙

做法

1 豆腐切小塊泡鹽水、素肉末泡發、乾香菇泡發後切末、芹菜去除葉子切細末、大辣椒切細末、薑切細末備用。

2 開大火熱鍋，倒入沙拉油，放入花椒炒香後把花椒撈出，加入辣椒及薑炒香後，再放入香菇末、素肉末煸炒，最後倒入豆瓣醬炒至紅潤後加水（850C.C.），再加入醬油、糖、素蠔油調味，沸滾後加入豆腐轉中火煨煮。

3 將炒香適量的花椒粒壓碎備用，太白粉加水拌勻，加入豆腐中勾薄芡。

4 起鍋前將花椒壓碎撒在麻婆豆腐上，再將 1 大匙沙拉油燒熱，淋在麻婆豆腐上，再放上芹菜末即成。

\瑋廚小叮嚀/

- 花椒煸炒至有香味，就要立即關火撈起，以免變苦，也可以直接用花椒粉替代。
- 豆腐煨煮時，攪拌時應該用推的，大力翻攪容易讓豆腐碎掉。

難易度
★★★
6
人份

蔗香東坡肉。

一層堆疊一層製作出
如同三層肉的形狀，
以甘蔗、醬油滷製，
沒有東坡肉的肥膩，
卻也能享受大口吃肉的快感。

材料

大香菇	150 公克
蒟蒻白板	150 公克
素火腿	250 公克
百頁豆腐	200 公克
甘蔗	100 公克
老薑	30 公克
青江菜	1 把
乾瓢條	60 公克

調味料

沙拉油	20 公克
冰糖	20 公克
熱開水	1,000 公克
素蠔油	40 公克
醬油	10 公克
八角	5 公克
鹽	2 公克
胡椒粉	2 公克

做法

1 選大朵生香菇，去掉蒂頭修邊成6×6公分大小；蒟蒻白板切六片，每片厚度和香菇一樣厚約0.5公分；火腿修邊切成6×6公分，厚約1公分；百頁豆腐修邊成6×6公分，厚約2公分；甘蔗段縱剖成4等分，將每一等分拍扁；老薑拍扁；乾瓢條泡水洗淨；青江菜每朵縱分為四分，過水燙熟，圍繞於盤邊做裝飾備用。

2 以百頁豆腐為底，依素火腿、蒟蒻、香菇往上疊，最後以乾瓢條綁起，依序完成六大塊。

3 熱鍋加入沙拉油，煸香老薑，放入冰糖炒至焦糖化後，加入熱開水、素蠔油、醬油、八角、鹽、胡椒調味，最後放入甘蔗段及做法 **2**，入鍋一同煨煮，燒煮約20分鐘收汁後擺放於盤中，將其醬汁淋上於東坡肉即成。

瑋廚小叮嚀

- 製作東坡肉一定要綁緊，以免烹調過程百頁豆腐膨脹，導致其他食材散開。

難易度
★★★
6
顆

紅燒獅子頭。

用豆腐及鮮蔬製作成肉丸，
外形酷似獅子頭，
以醬燒方式配上鮮嫩的白菜，
最是美味。
同時也是一道
過年常見的吉祥菜餚。

材料

板豆腐	150 公克
香菇	6 朵（約 70 公克）
紅蘿蔔	60 公克
木耳	50 公克
馬蹄	40 公克
薑	10 公克
小麥調理漿	100 公克
大白菜	300 公克

調味料

沙拉油	20 公克
熱水	400 公克
醬油	30 公克
糖	10 公克
素蠔油	20 公克
胡椒粉	2 公克
鹽	2 公克

炸油

沙拉油 500 公克

醃料

麵包粉	30 公克
素蠔油	20 公克
醬油	10 公克
糖	3 公克
五香粉	1 公克
胡椒粉	2 公克
低筋麵粉	適量

芡汁

太白粉	20 公克
水	60 公克

做法

1. 板豆腐包裹紗布擠乾水分；香菇去除蒂頭切花刀、蒂頭切細末；紅蘿蔔取 20 公克切末、40 公克切三角片；木耳取 20 公克切末、30 公克切方片；馬蹄切細末；薑切細末；大白菜切小片狀；芡汁調勻備用。

2. 大碗中放入豆腐泥、調理漿、紅蘿蔔末、木耳末、薑末、馬蹄末及醃料（除麵粉外）拌勻，抓成 6 大顆獅子頭，撒上低筋麵粉防止沾黏。

3. 鍋中放入 500 公克沙拉油，以大火燒至 160℃，將獅子頭放入炸熟至上色。

4. 取另一炒鍋，加入 20 公克沙拉油，將香菇、紅蘿蔔、木耳炒香後，放入大白菜翻炒軟化，加入熱水，以醬油、糖、素蠔油、胡椒粉及鹽調味，煨煮約 5 分鐘，再放入獅子頭燒煮約 3 分鐘，再勾薄芡即成。

瑋廚小叮嚀

- 獅子頭燒煮時間不宜過久，以免翻動容易散壞，造成成品不佳，因為在炸的過程就須將其炸熟。
- 香菇切花是以刀在菌傘部分深切 V 字，轉 90 度再切一次 V 字即成。

難易度
★★★
4~6
人份

五更腸旺。

鍋中紅通通，
沸騰著香辣的五更腸旺，
蔬食者同樣也能
享受這味覺的衝擊，
利用紫菜糕及
白精靈替代。

材料

酸菜	50 公克
素米血	200 公克
紅蘿蔔	30 公克
木耳	30 公克
白精靈菇	60 公克
西洋芹	50 公克
大辣椒	20 公克
薑	30 公克
碧玉筍	30 公克

調味料

沙拉油	20 公克
花椒粒	2 公克
辣豆瓣醬	40 公克
熱水	300 公克
醬油	10 公克
糖	3 公克
胡椒粉	2 公克
烏醋	10 公克
白醋	5 公克

芡汁

太白粉	10 公克
水	30 公克

做法

1 酸菜片薄片；素米血切成 6 大塊；紅蘿蔔去皮切三角片；木耳切小方片；白精靈菇切成 3 公分小段；西洋芹削去纖維切薄片；大辣椒切細末；薑切細末；碧玉筍切細絲備用。

2 熱鍋加入沙拉油，以小火先煸香花椒粒後將花椒粒撈起，開大火放入薑末、辣椒末炒香後，加入酸菜拌炒冉放西洋芹、紅蘿蔔、木耳拌炒，冉將豆瓣醬放入鍋中炒紅，加入熱水，並以醬油、糖、胡椒粉、烏醋調味，煮約 3 分鐘，加入素米血、白精靈菇煨煮。

3 砂鍋放在爐火上加熱，鍋底擺入碧玉筍絲、花椒油，再將煮好的五更腸旺倒入，白醋熗於鍋邊提味，再勾薄芡即成。

瑋廚小叮嚀

- 煸製花椒時，要用小火慢慢煸出香氣，溫度太高很容易燒焦，甚至產生油耗味。
- 素米糕即是紫菜糕，本身含澱粉，視烹調後湯汁濃稠度，再勾薄芡。

難易度
★★
4~6人份

紅燒魚片。

鮑魚菇菌傘厚實，
口感Q滑如同鮑魚，
做為魚片替代，
有著難以辨別的口感，
再搭配紅燒至入味，
好吃到讓人停不下箸。

材料

鮑魚菇	200 公克
木耳	50 公克
桶筍	80 公克
薑	20 公克
大辣椒	20 公克
碧玉筍	40 公克
香油	20 公克
低筋麵粉	適量

調味料

香油	20 公克
醬油	20 公克
糖	3 公克
胡椒粉	2 公克

炸油

沙拉油	400 公克

麵糊

麵粉	30 公克
水	60 公克

芡汁

太白粉	10 公克
水	20 公克

做法

1 鮑魚菇切小片；木耳切片；桶筍逆紋切片；薑切菱形片；大辣椒去籽切菱形片；碧玉筍切斜段；麵糊調勻；芡汁調勻備用。

2 熱鍋加入沙拉油，以大火燒至180℃時，將鮑魚菇撒上適量低筋麵粉，沾上麵糊過油至上色即可。

3 取另一炒鍋，鍋中放入香油，將薑片炒香，加入桶筍、木耳拌炒後，倒醬油入鍋，加入 300 公克水，並以糖、胡椒粉調味，再放入做法 2 及辣椒片、碧玉筍拌勻，再勾薄芡即成。

瑋廚小叮嚀

・菇類本身沒有黏性，撒上低筋麵粉，可以讓菇類本身的水分與麵粉結合，有助於之後的麵糊容易沾裹。

馬鈴薯燉肉。

難易度 ★★
4~6 人份

以醬油及味霖燒煮而成一鍋營養煮物，是源於日本的家常料理，更是離鄉背井的孩子懷念媽媽的好味道，營養價值極高，很值得一試。

材料

馬鈴薯	400 公克
紅蘿蔔	60 公克
玉米筍	50 公克
西洋芹	50 公克
小香菇	6 朵
蘋果	60 公克
猴頭菇	100 公克
昆布	2 公克

調味料

沙拉油	20 公克
香菇醬油	50 公克
味霖	30 公克
糖	5 公克
鹽	3 公克
水	600 公克
昆布粉	5 公克

炸油

沙拉油	800 公克

做法

1 馬鈴薯去皮切滾刀塊走水 15 分鐘；紅蘿蔔、玉米筍切滾刀塊；西洋芹削除纖維後切三角厚片；小香菇去蒂頭刻十字花刀；蘋果削皮切小塊泡鹽水；猴頭菇切小塊；昆布剪小片備用。

2 熱鍋倒入炸油，以大火燒至 160℃時，放入馬鈴薯炸至熟成撈起瀝油；再依續將紅蘿蔔、小香菇、猴頭菇過油瀝乾。

3 開大火熱鍋後，加入沙拉油，先將蘋果及西洋芹拌炒，加調味料及水、昆布粉，沸煮後，轉中火，將做法 **2** 及玉米筍加入煨煮，待馬鈴薯吸附湯汁後，保留些許湯汁即成。

瑋廚小叮嚀

- 馬鈴薯過油後可縮短烹調時間，烹調時應以中火煨煮，以免爛糊了。
- 如果沒有香菇醬油，可以更改為薄鹽醬油。
- 走水是指以流動水洗掉馬鈴薯的澱粉。

酸菜炒麵腸。

將麵腸煎至乾煸後，配上酸菜鹹香的風味，煨煮入味QQ的麵腸吸飽了湯汁，讓人一口接著一口。

材料

麵腸	300 公克
酸菜心	150 公克
老薑	30 公克
大辣椒	20 公克
碧玉筍	30 公克

調味料

香油	20 公克
水	300 公克
素蠔油	10 公克
醬油	20 公克
糖	10 公克
胡椒粉	2 公克

做法

1 麵腸切斜片；酸菜心片薄切絲；老薑切絲；大辣椒切斜片；碧玉筍切斜段備用。

2 熱鍋加入香油，開中小火把麵腸片煎至酥脆撈起，原鍋中加入薑絲及酸菜絲炒香，放入水、素蠔油、醬油、糖及胡椒粉調味，放入麵腸煨煮，燒煮至收汁，將辣椒及碧玉筍放入拌炒均勻即成。

瑋廚小叮嚀

・麵腸一定要煸炒到外表酥脆，不僅煨煮時好入味，也讓麵腸的麵生味可去除。

栗香醬燒肉。

難易度 ★★
4~6 人份

秋天是栗子盛產季節，
香甜鬆軟的栗子與素肉燒煮，
讓醬汁也融入栗子的風味，
是一道經典的懷舊菜。

材料

新鮮栗子	200 公克
素肉塊	150 公克
紅蘿蔔	100 公克
洋菇	60 公克
杏鮑菇	80 公克

調味料

香油	10 公克
熱水	600 公克
素蠔油	30 公克
醬油	20 公克
糖	10 公克
胡椒粉	2 公克

炸油

沙拉油	400 公克

醃料

素蠔油	10 公克
醬油	5 公克
糖	3 公克
五香粉	2 公克

做法

1 素肉塊泡發後，瀝乾水分，以醃料醃製約 15 分鐘；紅蘿蔔削皮切滾刀；洋菇對切；杏鮑菇切滾刀塊備用。

2 鍋中倒入沙拉油，以大火燒至 180℃，將栗子炸至熟透上色；素肉塊醃好擠乾水分，過油至上色；杏鮑菇過油備用。

3 取另一炒鍋，放入香油，開大火先將洋菇及紅蘿蔔炒香，加入熱水，再下調味料，放入做法 **2**，待沸滾後轉中小火煨煮 10 分鐘至醬汁濃稠即成。

\瑋廚小叮嚀/

- 紅蘿蔔的營養屬於脂溶性，經過油炒不但可以增加甜度，也能去除異味。

椰香芋頭煲。

芋頭香濃的香氣，
搭配上椰漿的味道，
整道菜濃郁度大幅提升，
彷彿置身南洋國家的感覺。

\瑋廚小叮嚀/

- 芋頭切滾刀塊有稜有角，可方便食用者，夾取更便利，不容易滑筷。
- 成品完成時若感覺湯汁較水，可加點太白粉勾芡，讓醬汁扒附於食材上。

材料

芋頭	400 公克
鮑魚菇	80 公克
杏鮑菇	50 公克
老薑	20 公克
乾香菇	6 朵（約 5 公克）
毛豆	50 公克
芹菜	50 公克

調味料

香油	20 公克
椰漿	100 公克
糖	5 公克
鹽	2 公克
胡椒粉	2 公克
水	700 公克

炸油

沙拉油	800 公克

做法

1 芋頭去皮切滾刀塊、鮑魚菇切小塊狀、杏鮑菇切滾刀、芹菜去除葉子切小段、乾香菇泡發、毛豆過水去除生味備用。

2 準備油鍋，倒入沙拉油，以大火燒至 170℃ 時，放入芋頭炸熟，撈起瀝油後，陸續將鮑魚菇及杏鮑菇過油至金黃瀝油備用。

3 開大火熱鍋，倒入香油，放入老薑及乾香菇炒香後，加入調味料及水，待沸騰後加入做法 **2** 的所有食材，轉中火煨煮約 10 分鐘，芋頭吸飽湯汁後，加入毛豆仁增加顏色，放入芹菜增加香氣即成。

橄欖油
炒鮮菇
P.57

蘆筍
炒蝦仁
P.56

碧玉
炒鮮菇
P.60

花生
甘藍菜
P.62

塔香
九孔鮑
P.48

京都排骨
P.42

Part2
醬汁&拌

糖醋
咕咾肉
P.44

拌炒出的香氣、
食材上的撩人醬汁，
筷子停不下來怎麼辦？

鍋巴
豆酥雞
P.64

黑醋醬雞塊。

難易度 ★★
4~6 人份

濃郁不膩的黑醋香氣與糖結合，呈現酸甜回甘的滋味，搭配上金黃酥脆的猴頭菇及蔬菜，相當適合做為主餐或下飯菜之選。

\ 瑋廚小叮嚀 /

・各季節蔬菜均可運用此做法，尤其醬汁完成也可以與冷菜搭配食用。

材料

調理猴頭菇	300 公克
馬鈴薯	100 公克
玉米筍	30 公克
茄子	30 公克
紅椒	50 公克

調味料

地瓜粉	30 公克
水	200 公克
素食烏醋	60 公克
醬油	25 公克
糖	60 公克
太白粉	30 公克

炸油

沙拉油	600 公克

做法

1 猴頭菇切小塊沾上地瓜粉；馬鈴薯洗淨外表切滾刀塊；玉米筍切斜刀過水；茄子切滾刀撒上太白粉（取 10 公克）；紅椒切菱形片備用。

2 鍋中倒入沙拉油，以大火燒至油溫約 160℃，將馬鈴薯過油炸至熟透；轉開大火，將反潮後的猴頭菇過油炸至金黃色，拉高油溫至 180℃，將茄子過油變紫色即可撈起瀝油；紅椒過油 5 秒撈起瀝油備用。

3 鍋中加入水，並加入調味料（素食烏醋、醬油、糖），煮沸後勾芡（加入 20 公克太白粉）備用。

4 將做法 **2** 放入大盤內，加入做法 **3** 的黑醋醬、玉米筍，攪拌均勻即成。

難易度 ★★
4~6 人份

紐奧良野蔬。

選用多種香料及蜂蜜調成醬汁，
雖略帶酸辣風味，
卻被蜂蜜甜而不膩的味道給中和，
佐上蔬菜的甜，
讓整個口感大大提升。

材料

甜豆	80 公克
紅蘿蔔	60 公克
馬鈴薯	300 公克
玉米筍	60 公克
青花菜	100 公克

調味料

蕃茄醬	100 公克
蜂蜜	50 公克
俄勒岡粉	2 公克
匈牙利紅椒粉	8 公克
羅勒粉	2 公克
百里香粉	2 公克
迷迭香粉	2 公克

炸油

沙拉油	600 公克

做法

1 甜豆剝去頭尾纖維；紅蘿蔔削皮切滾刀塊；馬鈴薯洗乾淨外表切滾刀；玉米筍斜刀對切；青花菜消除纖維備用。

2 準備一鍋熱水（放入少許鹽巴及 1 大匙沙拉油），將甜豆汆燙 30 秒，撈起放入冰水內；紅蘿蔔燙熟；玉米筍過水至軟化；青花菜汆燙變色即可撈起。

3 鍋中倒入沙拉油，以大火燒至油溫約 160℃，將馬鈴薯過油至熟透後，拉高溫炸至金黃即可撈起。

4 將所有調味料放入碗中攪拌均勻，將做法 2 及做法 3 放在大碗中，與調配好的醬汁攪拌均勻即成。

・野蔬部分可依照個人喜好蔬菜做搭配變化。
・醬汁調配完成後，可醃製蔬菜，以燒烤方式食用，風味也很特別。

京都排骨。

難易度 ★★★
4~6 人份

使用油條掏空塞滿芋頭，油炸酥香後以京都醬調味，酸甜的風味讓人胃口大開。

材料

油條	1 條（65 公克）
芋頭	120 公克
黃椒	60 公克
白芝麻	5 公克

調味料

水	200 公克
蕃茄醬	60 公克
醬油	10 公克
白醋	30 公克
糖	20 公克
梅子粉	3 公克

炸油

沙拉油	300 公克

麵糊

麵粉	30 公克
卡士達粉	10 公克
沙拉油	10 公克
水	60 公克

做法

1 油條切成 6 公分長，中心掏空；芋頭切成 1×6 公分的條狀；黃椒去籽切三角片；麵糊調勻備用。

2 鍋中倒入沙拉油，以大火燒至油溫約 170℃，將芋頭炸熟塞入油條中間，油條外撒上少許麵粉，再裹上麵糊後炸至金黃；黃椒過油備用。

3 鍋中放入水，加入所有調味料，煮沸後收汁至濃稠，放入做法 **2**，拌炒均勻後撒上白芝麻即成。

瑋廚小叮嚀

- 油條內餡除了用芋頭製作，也能更換成山藥，不需過油即可塞入油條中。
- 炸好的素排骨放入鍋中拌勻不宜過久，以免失去酥脆的口感。

難易度 ★★
4~6人份

老皮嫩豆腐。

把豆腐煎至金黃上色，裡面同時保有嫩度，淋上酸甜辣交織的醬汁，這豆腐的滋味，真教人回味再三。

\瑋廚小叮嚀/

- 若有吃蛋可以將嫩豆腐更改為蛋豆腐，口感及香味也會不一樣。
- 不方便用油炸過油也可用半煎炸方式，可以節省油量，但動作要小力以免豆腐破碎。

材料

嫩豆腐 2 盒
碧玉筍 20 公克
薑 20 公克

調味料

素蠔油 60 公克
烏醋 20 公克
糖 10 公克
白芝麻 5 公克
花椒粉 2 公克
辣油 10 公克
水 30 公克

炸油

沙拉油 600 公克

炸粉

地瓜粉 50 公克
太白粉 50 公克

做法

1 嫩豆腐切大塊；碧玉筍切細末泡冰水；薑切細末；地瓜粉及太白粉拌勻成炸粉備用。

2 準備一個鐵盤，倒入炸粉，將嫩豆腐放入沾裹均勻，並等待反潮。

3 鍋中倒入沙拉油，以大火燒至油溫約 180℃，沿著鍋邊將做法 **2** 的嫩豆腐放入，待定型後再翻動，炸至金黃後撈起盛盤。

4 將所有調味料加入薑末拌勻成醬汁，淋在做法 **3** 上，撒上碧玉筍末做裝飾即成。

難易度
★★
4~6人份

糖醋咕咾肉。

將烤麩醃製過油後，
炸到外皮酥脆，
加以糖醋調味，
Q彈吸飽湯汁的口感，
不說還以為真的在吃咕咾肉。

材料

烤麩	300 公克
紅椒	40 公克
青椒	40 公克
鳳梨	80 公克

調味料

地瓜粉	100 公克
水	200 公克
蕃茄醬	80 公克
糖	80 公克
白醋	80 公克

炸油

沙拉油	700 公克

醃料

熱水	400 公克
素蠔油	50 公克
醬油	30 公克
糖	5 公克
鹽	3 公克
八角	3 顆
五香粉	2 公克
胡椒粉	2 公克

做法

1 紅椒去籽切長片；青椒去籽切長片；鳳梨切塊狀；所有醃料放入大碗中調勻；烤麩切成條狀，放入醃汁中浸泡 1 小時入味備用。

2 烤麩醃好後，擠乾水分沾裹上地瓜粉，鍋中倒入沙拉油，以大火燒至油溫約 180℃，放入烤麩炸至外表酥脆後撈起；紅椒及黃椒過油 10 秒撈起、鳳梨過油 10 秒備用。

3 鍋中放入水，加入蕃茄醬、糖、白醋煮沸後，加入做法 2 的烤麩燒煮入味，待收汁前，加入紅黃椒、鳳梨拌勻即成。

瑋廚小叮嚀

- 烤麩沾裹地瓜粉過油，本身的澱粉溶出就有勾芡的口感，無須另行勾芡。

難易度
★★
4~6
人份

泰式椒麻雞。

新鮮麵腸醃製過後，
炸至金黃層次口感分明，
淋上酸甜的泰式醬，
搭配高麗菜清爽口感，
消除油炸的膩感。

材料

麵腸	3 條（約 250 公克）
香菜	20 公克
辣椒	20 公克
薑	20 公克
檸檬	1 顆
高麗菜	100 公克

調味料

檸檬汁	60 公克
醬油	20 公克
糖	30 公克
烏醋	10 公克
地瓜粉	50 公克

炸油

沙拉油	500 公克

醃料

醬油	30 公克
糖	5 公克
胡椒粉	2 公克
五香粉	2 公克
薑泥	20 公克
水	100 公克

做法

1 麵腸從中間劃開不斷刀，兩側插入牙籤撐開；香菜切末；辣椒切末；薑切末；檸檬刨皮；高麗菜切細絲泡水備用。

2 將所有醃料放入大碗中調勻，將麵腸排放入醃製 30 分鐘；調味料拌勻成醬汁備用。

3 鍋中倒入沙拉油，以大火燒至油溫約 170℃，將醃好的麵腸排沾上地瓜粉過油至金黃，起鍋瀝油備用。

4 高麗菜瀝乾擺入盤中，麵腸排拔除牙籤切小塊，擺在高麗菜上，將調味醬汁淋上麵腸排即成。

瑋廚小叮嚀

- 麵腸醃製時應該每 10 分鐘上下翻動，讓醃汁更容易入味於麵腸。
- 若不吃香菜，可以將香菜更改為九層塔；檸檬皮取下力道要控制，以免削到白膜，導致醬汁有苦澀感。

難易度 ★★★ 4~6人份

塔香九孔鮑。

選用特大香菇，
鑲入豆腐餡過油後
以九層塔調味，
以假亂真的視覺效果，
是一道相當華麗的手工菜。

材料

大香菇	8朵（約250公克）
板豆腐	180公克
素油蔥	20公克
小麥調理漿	80公克
薑	30公克
九層塔	10公克
大辣椒	10公克
碧玉筍	10公克

調味料

香油	10公克
水	200公克
素蠔油	20公克
醬油	10公克
糖	10公克
胡椒粉	2公克

炸油

沙拉油	400公克

醃料

香菇煮友	5公克
胡椒粉	2公克
素沙茶醬	5公克
鹽巴	1公克
糖	2公克

芡汁

太白粉	10公克
水	20公克

做法

1 大香菇拔去蒂頭；板豆腐用紗布包裹擠乾水分成豆腐泥；薑切細末；九層塔切細末；大辣椒切末；碧玉筍切花；芡汁調匀備用。

2 豆腐泥加入調理漿、素油蔥及醃料拌均匀，大香菇傘內撒上太白粉，將豆腐餡一一鑲入，再撒上太白粉防止沾黏，用叉子在上方戳洞做造型。

3 鍋中倒入沙拉油，以大火燒至油溫約180℃，將做法2過油至定型上色，撈起瀝油後排入盤上備用。

4 取一炒鍋，加入香油炒香薑末、辣椒末，放入水，以素蠔油、醬油、糖、胡椒粉調味，燒開後加入九層塔末，再勾薄芡，淋在素九孔鮑上即成。

瑋廚小叮嚀

・豆腐泥要鑲在香菇上並不容易，要有點耐心，選擇大小適合的香菇，做起來更像九孔鮑。

難易度 ★★★
4~6 人份

醋溜鱔糊。

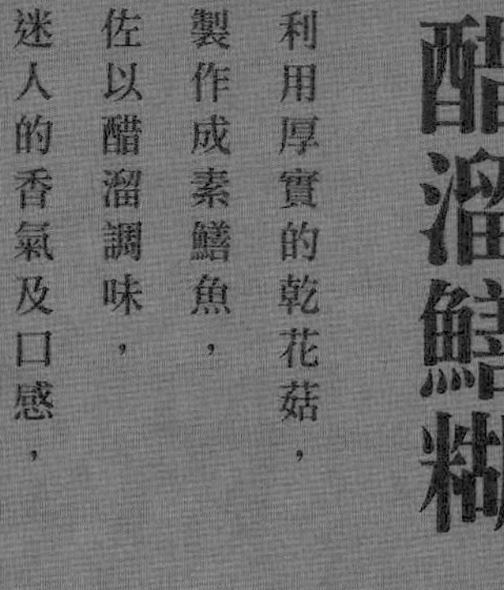

利用厚實的乾花菇，
製作成素鱔魚，
佐以醋溜調味，
迷人的香氣及口感，
可以多扒好幾碗的白飯。

材料

韓國花菇	65 公克（13 朵）
西洋芹	60 公克
黃椒	50 公克
大辣椒	30 公克
碧玉筍	50 公克

調味料

地瓜粉	50 公克
香油	20 公克
水	200 公克
糖	30 公克
醬油	20 公克
烏醋	40 公克
白醋	10 公克

炸油

沙拉油	300 公克

醃料

烏醋	10 公克
醬油	10 公克
糖	8 公克
五香粉	1 公克
胡椒粉	2 公克

做法

1 花菇泡軟後擠乾水分，沿著邊緣剪成長條狀；西洋芹削去纖維切斜片；黃椒去籽切斜段；大辣椒去籽切菱形片；碧玉筍切斜段備用。

2 鍋中倒入沙拉油，以大火燒至油溫約 180℃備用。

3 將醃料攪拌均勻，放入花菇醃製 5 分鐘，擠乾多餘水分後，加入地瓜粉，放入做法 2 的油鍋中油炸上色。

4 取一炒鍋，加入香油，放入西洋芹炒香後，加入黃椒拌炒，再倒入水，以糖、醬油、烏醋調味，放入做法 3 拌炒至湯汁濃稠後，加入碧玉筍及辣椒快速拌炒，起鍋前沿鍋邊淋上白醋即可。

瑋廚小叮嚀

・乾香菇選用厚實製作，口感較Q彈；乾香菇選用扁薄製作，口感較脆。

起司香豆腐。

難易度
★★
4~6
人份

有別一般臭豆腐吃法，
將臭豆腐油炸後配辣椒及起司，
可以去除一般人不喜愛的味道，
略帶韓式料理的風味。

材料

臭豆腐	400 公克
紅椒	40 公克
黃椒	40 公克
青椒	40 公克
起司片	40 公克

調味料

地瓜粉	50 公克
沙拉油	10 公克
辣椒醬	35 公克
蕃茄醬	50 公克
水	200 公克
糖	10 公克

炸油

沙拉油	600 公克

做法

1 臭豆腐一片切成四小塊，沾上地瓜粉備用；紅椒去籽切方片；黃椒、青椒去籽切方片備用。

2 鍋中倒入沙拉油，以中大火燒至油溫約 180℃，將反潮完成的臭豆腐炸到微膨脹、顏色金黃即可；紅椒、黃椒、青椒過油 10 秒撈起，瀝油備用。

3 取一炒鍋，加入沙拉油，炒香辣椒醬及蕃茄醬後，加入水及糖，煮沸後放入起司片，待融化後將做法 2 放入，快速拌炒即成。

瑋廚小叮嚀

- 本道料理略帶微辣，若不吃辣可以直接改成使用蕃茄醬。

難易度
★★★
4~6
人份

蜜汁鰻魚捲。

利用海苔包裹著豆包，
經過油炸後以蜜汁沾裹，
不論是視覺及口感，
都有大大的驚艷。

材料

生豆包 6片（約200公克）
素火腿 150公克
壽司海苔 6片（19×21公分）
紅椒 30公克
黃椒 30公克
腰果 50公克
白芝麻 5公克

調味料

低筋麵粉 40公克
水 150公克
玉米粉 50公克
麥芽糖 30公克
醇米霖 30公克
醬油 10公克
鹽 2公克
糖 10公克

炸油

沙拉油 500公克

做法

1 素火腿切成6條（長度符合海苔寬度）；紅椒、黃椒去籽切菱形片；取50公克水與低筋麵粉調勻成麵糊；豆包展開備用。

2 將海苔鋪底，放上展開的豆包，將素火腿放在靠近自己的豆包前端，捲起留三分之一塗上麵糊，將做好的鰻捲兩側沾上麵糊封口，切成6小塊，外面裹上玉米粉防潮軟化。

3 鍋中倒入沙拉油，放入腰果慢慢拉高油溫，炸至金黃撈起備用；油溫拉高至180℃，放入做法2炸至金黃，紅黃椒過油約10秒撈起備用。

4 鍋中放入100公克的水，加入所有調味料，煮開逐漸收汁（氣泡變大），把做法3加入快速拌炒，最後撒上白芝麻即成。

瑋廚小叮嚀

- 製作鰻魚捲時記得要捲緊，以免油炸時容易散開。
- 蜜汁烹調時要不停攪拌，避免糖漿黏著鍋底容易燒焦，煮至濃縮才好沾裹於成品上。

蘆筍炒蝦仁。

難易度 ★

4~6 人份

被譽為蔬菜之王的蘆筍，
除了有大量營養素，
同時也是
相當好的抗氧化食物，
搭配其他鮮蔬，
可攝取滿滿的營養。

材料

蘆筍	300 公克
紅蘿蔔	40 公克
黃椒	50 公克
香菇	50 公克
蒟蒻斑節蝦	90 公克（約 8 隻）
薑	10 公克

調味料

香油	20 公克
鹽	2 公克
糖	3 公克
胡椒粉	2 公克
水	1 大匙

做法

1 蘆筍削去粗纖維切斜段；紅蘿蔔去皮切厚片再切絲；黃椒去籽切絲；香菇去蒂頭切條狀；斑節蝦剖半；薑切細絲備用。

2 準備熱水（加入鹽巴及沙拉油），將蘆筍、紅蘿蔔過水約 1 分鐘。

3 鍋中加入香油，下薑絲煸香，加入香菇炒香後，放入做法 **2** 及黃椒，加入鹽、糖、胡椒粉、水調味，快速拌炒即成。

\瑋廚小叮嚀/

- 蘆筍若不馬上使用，可以頂端花苞處以鋁箔紙包覆著，可延長保存時間。

橄欖油炒鮮菇。

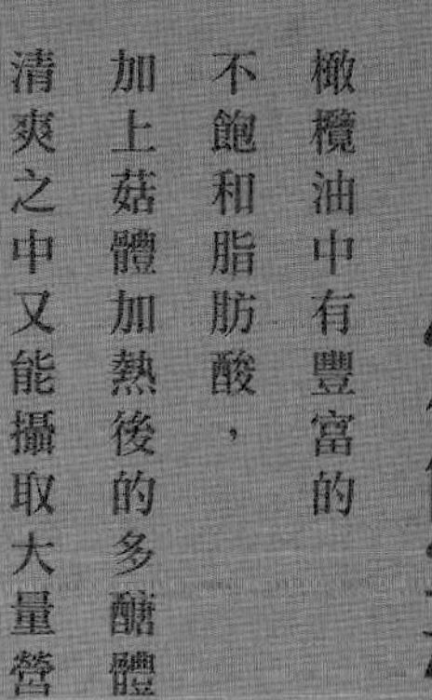

橄欖油中有豐富的不飽和脂肪酸，加上菇體加熱後的多醣體，清爽之中又能攝取大量營養。

材料

香菇	150 公克
洋菇	100 公克
杏鮑菇	150 公克
玉米筍	80 公克
九層塔	10 公克

調味料

鹽	2 公克
糖	3 公克
黑胡椒粒	1 公克
洋香菜葉	1 公克
羅勒葉	1 公克
橄欖油	20 公克

做法

1 香菇連蒂頭切厚片；洋菇對切；杏鮑菇切滾刀；玉米筍斜切一分為二；九層塔拔除粗梗留葉子備用。

2 熱鍋放入香菇、洋菇、杏鮑菇、玉米筍，以乾鍋方式乾炒（可蓋鍋蓋讓菇加速軟化），菇體出水後，加入鹽、糖、黑胡椒、洋香菜葉、羅勒葉，翻炒至水分逐漸減少後，放入九層塔拌炒，起鍋前加入橄欖油拌勻即成。

\璋廚小叮嚀/

- 用乾鍋炒菇類呈現的香氣相當迷人，記得要將菇類滲出的水分再炒乾。
- 好的橄欖油不能夠經過高溫烹調，所以此道菜在最後即將完成時才淋入攪拌，保留橄欖油中的營養。

竹筍炒肉絲。

新鮮竹筍與素肉絲的搭配，讓人不禁想起媽媽的味道，這道料理一定勾起許多人的回憶。

材料

麻竹筍	600 公克
素肉絲	60 公克
青椒	80 公克
木耳	50 公克
碧玉筍	40 公克
大辣椒	20 公克

調味料

香油	20 公克
水	300 公克
鹽	2 公克
糖	3 公克
胡椒粉	2 公克

做法

1 麻竹筍不去殼，以熱水煮熟約 30 分鐘（熱水蓋過麻竹筍，加入一大匙鹽、50 公克白米），冷卻後剝殼切細絲；素肉絲泡發；青椒去籽切絲；木耳切絲；碧玉筍切斜段；大辣椒去籽切片備用。

2 開大火熱鍋加入香油，下素肉絲煸香，加入筍絲、木耳、青椒拌炒，加入水、鹽、糖及胡椒調味，再加入碧玉筍及大辣椒片炒乾即成。

\瑋廚小叮嚀/

・麻竹筍不去殼煮熟可完整保留甜分，加米則可讓筍子變 Q 彈不澀口。

難易度 ★ 4~6 人份

黑椒土豆絲。

爽脆口感的馬鈴薯絲，
搭配上黑胡椒的香氣，
在鍋裡翻炒著，
每一口都有著濃郁的鍋氣，
讓人好滿足。

材料

馬鈴薯 600 公克
青椒 60 公克
大辣椒 30 公克

調味料

香油 20 公克
鹽 2 公克
糖 3 公克
黑胡椒粒 10 公克

做法

1 馬鈴薯削皮切細絲，以流動水走水 10 分鐘洗去馬鈴薯絲外表的澱粉質；青椒去籽切細絲；大辣椒去頭尾、去籽再切成細絲備用。

2 開大火熱鍋加入香油，放入馬鈴薯絲拌炒，再加入青椒絲及辣椒絲，以鹽、糖、黑胡椒粒調味，快速翻炒幾下即成 。

\瑋廚小叮嚀/

・馬鈴薯記得要洗去外表澱粉，以免烹調過程變色，烹調時間也不宜過久，否則成品會軟塌，失去爽脆的口感。

碧玉炒鮮菇。

難易度 ★
4~6人份

碧玉筍是金針花的嫩莖，俗稱美人心，常見於素食料理，搭配鮮菇快炒，相當清脆爽口，好吃得不得了。

\ 瑋廚小叮嚀 /

・菇類煸炒時間拉長，可以呈現金黃色澤，讓整道菜的風味更佳迷人。

材料

碧玉筍	300 公克
黑美人菇	100 公克
香菇	60 公克
雪白菇	60 公克
紅蘿蔔	30 公克
薑	10 公克

調味料

香油	20 公克
水	100 公克
鹽	2 公克
糖	3 公克

做法

1. 碧玉筍切斜段；黑美人菇去除底部切小段；香菇切厚片；雪白菇去除底部剝散；紅蘿蔔切片後切絲；薑切菱形片備用。

2. 開大火熱鍋加入香油，下薑片煸香，加入紅蘿蔔及菇類拌炒，放入碧玉筍翻炒，加水，並以鹽、糖調味即成。

金針炒鮮蔬。

難易度 ★ 4~6人份

金針花富含維生素及礦物質，鐵質含量更是菠菜的20倍，清炒後十分爽口鮮甜，是道很值得推薦的下飯菜。

材料

新鮮金針花	200 公克
紅蘿蔔	40 公克
黃椒	30 公克
鴻禧菇	60 公克
小黃瓜	60 公克

調味料

香油	20 公克
鹽	2 公克
糖	3 公克

做法

1 金針花泡水；紅蘿蔔切片後切絲；黃椒切絲；鴻禧菇切除根部剝散；小黃瓜縱切一分為四，去籽切斜片備用。

2 準備熱水（加入少許鹽巴及沙拉油），將金針花過水汆燙，撈起後沖冷水備用。

3 開大火熱鍋加入香油，加入鴻禧菇及紅蘿蔔拌炒，再放入黃椒及小黃瓜、做法 2 的金針花翻炒，以鹽、糖調味，入味即成。

\璋廚小叮嚀/

- 新鮮金針花含有秋水仙鹼，使用前可以泡水及汆燙過破壞秋水仙鹼，要確保完全熟透才能食用。
- 此道料理建議使用鮮品金針花，較具口感。

花生甘藍菜。

源自於台灣外島澎湖名菜，
有著如同豆酥風味的炒高麗菜，
那迷人風味
讓人一口接著一口。

材料

高麗菜	600 公克
帶皮生花生	100 公克
大辣椒	20 公克

調味料

鹽	3 公克
沙拉油	20 公克
糖	5 公克

做法

1 高麗菜洗淨後用手剝大片狀，放入塑膠袋內加鹽醃製約 10 分鐘；花生搗碎（可以保留些許顆粒感）；辣椒切斜片備用。

2 開大火熱鍋加入沙拉油，倒入花生碎翻炒至金黃後，加入醃製好的高麗菜及辣椒片加糖調味，快速翻炒，待高麗菜熟了即成。

\瑋廚小叮嚀/

・高麗菜利用鹽巴滲透壓讓高麗菜軟化，炒起來也如同餐廳品質口感。

麻油腰花。

難易度 ★★★
4~6 人份

麻油料理
常被運用來滋補身體，
以洋菇刻花如同腰子做調理，
搭配上中藥可以補足氣虛。

材料

大洋菇	500 公克
老薑	100 公克
龍眼乾	5 公克
紅棗	40 公克（約 12 顆）
川芎	1 公克
當歸片	2 公克

調味料

香油	20 公克
水	400 公克
鹽	2 公克
糖	3 公克
麻油	20 公克

芡汁

太白粉	30 公克
水	60 公克

做法

1 大洋菇切花刀斜切分為二，過水汆燙；老薑切薄片；芡汁調勻備用。

2 開小火熱鍋加入香油，下老薑乾煸至捲曲狀，加入水，以鹽、糖調味，再放入紅棗、龍眼乾、川芎、當歸，轉大火煮開，放入洋菇腰花稍微煨煮，再勾薄芡，淋上麻油即成。

\瑋廚小叮嚀/

- 洋菇烹調時間不宜過長，以免造成縮水成品量變少。
- 洋菇切花刀方法請見 P.11「瑋廚小叮嚀」。

鍋巴豆酥雞。

酥脆的鍋巴搭配上炒至香辣的豆酥，讓有如雞肉的猴頭菇風味及口感變得十分豐富。

\瑋廚小叮嚀/

・本道料理屬於香辣風味，糖量一定要足夠，可以減緩辣感及增加酥脆感。

材料

調理猴頭菇	200 公克
豆酥	100 公克
鍋巴	40 公克
乾辣椒	15 公克

調味料

地瓜粉	30 公克
沙拉油	20 公克
辣椒醬	20 公克
糖	20 公克

炸油

沙拉油	400 公克

做法

1. 鍋中倒入沙拉油，以大火燒至油溫約 160℃。
2. 將猴頭菇切小塊，沾裹上地瓜粉，過油炸至金黃，取出瀝油；鍋巴過油後剝小塊備用。
3. 取一炒鍋，開大火加入沙拉油，放入豆酥、辣椒醬及糖炒到香酥，再加入做法 2 及乾辣椒拌炒均勻即成。

Part 2

醬汁・拌炒類

難易度 ★

4~6人份

甜豆三鮮。

清脆爽口的甜豆，搭配上鮮蔬及蒟蒻蝦仁，快速拌炒讓每一口都能嘗到清爽的風味。

材料

甜豆	300 公克
紅蘿蔔	30 公克
木耳	30 公克
玉米筍	40 公克
秀珍菇	60 公克
蒟蒻蝦仁	40 公克
薑	10 公克

調味料

香油	20 公克
水	200 公克
鹽	2 公克
糖	3 公克

芡汁

太白粉	20 公克
水	60 公克

做法

1 甜豆去除纖維；紅蘿蔔削皮切長方片；木耳切長方片；玉米筍切斜片；薑切菱形片；芡汁調勻備用。

2 準備熱水（加入鹽巴及沙拉油），將甜豆、紅蘿蔔、木耳、玉米筍依序過水約 30 秒，蒟蒻蝦仁汆燙約 2 分鐘備用。

3 開大火熱鍋加入香油，下薑片煸香，加入做法 2 及秀珍菇拌炒，加入水，再以鹽、糖調味，入味後，再勾薄芡即成。

・甜豆熟成後容易變色，建議汆燙後以冷水漂冷，以保存色澤。

冰糖
百合南瓜
P.85
芋鑲黃瓜
P.82
樹子
蒸絲瓜
P.90

娃菜
鮮干貝
P.74

鹹香芋塊
P.86

金香
扣玉璽
P.88

Part3 清燴&清蒸類

蟹黃
粉絲煲
P.68

吮指回味的勾芡汁，
清甜的食材鮮滋味，
淋上湯汁扒飯最夠味！

翡翠
高麗菜捲
P.84

\ 瑋廚小叮嚀 /

．[illegible]

蟹黃粉絲煲。

難易度 ★★★

4~6 人份

利用紅蘿蔔磨成泥狀，經過油炒後鹹香的風味及亮紅色澤，放上粉絲煲上，讓味道層次感更加新奇。

材料

冬粉	2 把
乾香菇	10 公克
素肉末	30 公克
大白菜	200 公克
竹筍	50 公克
芹菜	30 公克
紅蘿蔔	80 公克
老薑	20 公克

調味料

沙拉油	40 公克
香油	20 公克
水	50 公克
鹽	2 公克
糖	5 公克
香菇煮友	10 公克
昆布粉	5 公克
胡椒粉	3 公克

芡汁

太白粉	10 公克
水	20 公克

做法

1 冬粉泡水軟化後剪成小段；乾香菇泡發後切細絲；素肉末泡發後，擠乾水分；大白菜切絲；竹筍切絲；芹菜切細末；紅蘿蔔磨成泥狀；老薑切細末；芡汁調勻備用。

2 熱鍋加入沙拉油，下薑末、紅蘿蔔泥炒香，加入水將紅蘿蔔泥煮軟，下調味（鹽、糖）後，再勾薄芡即可起鍋。

3 取一鍋內放入香油，把乾香菇炒香後，放入竹筍及大白菜翻炒後加 600 公克水，以鹽、糖、香菇煮友、昆布粉、胡椒粉調味，將冬粉及 1/2 的做法 2 放入煮勻，完成後放入燒熱的砂鍋上，再擺上剩下的 1/2 做法 2 及芹菜末即成。

酥香燒白菜。

難易度 ★★
4~6 人份

白菜滷
是家喻戶曉的傳統佳餚，
將白菜燒煮軟嫩入味，
用素排骨酥做為
替代蛋酥香氣來源，
讓人無法抗拒。

材料

大白菜	400 公克
紅蘿蔔	30 公克
木耳	30 公克
香菇	60 公克
素排骨酥	30 公克
薑	20 公克

調味料

香油	20 公克
水	700 公克
鹽	2 公克
糖	3 公克
香菇煮友	10 公克
胡椒粉	3 公克

芡汁

太白粉	30 公克
水	60 公克

做法

1 大白菜切大片；紅蘿蔔切三角片；木耳切大方片；香菇片薄；薑切菱形片；芡汁調勻備用。

2 熱鍋加入香油，下薑片煸香，加入紅蘿蔔、香菇片、木耳拌炒後，再放入大白菜翻炒，加入水及調味料，蓋上鍋蓋燜煮約 5 分鐘，最後再放入素排骨酥煮軟，再勾薄芡即成。

瑋廚小叮嚀

百合燴草菇。

新鮮百合搭配草菇，以最簡單烹調方式，搭配銀杏及枸杞，同時也是一道食補的好料理。

材料

新鮮百合	150 公克
草菇	300 公克
銀杏	40 公克（18 顆）
枸杞	10 公克
碧玉筍	30 公克
薑	10 公克

調味料

香油	20 公克
鹽	2 公克
糖	3 公克
昆布粉	2 公克

茨汁

太白粉	20 公克
水	60 公克

做法

1 百合泡水備用；草菇削除蒂頭髒汙，汆燙冷卻備用；碧玉筍切斜段；薑切菱形片；茨汁調勻備用。

2 開小火熱鍋加入香油，煸香薑片後，將百合、草菇加入翻炒，倒入 300 公克的水後，轉大火以鹽、糖、昆布粉調味，再放入銀杏、枸杞煨煮約 3 分鐘，最後放入碧玉筍，再勾薄茨即成。

\瑋廚小叮嚀/

- [illegible]

鴻禧燴絲瓜。

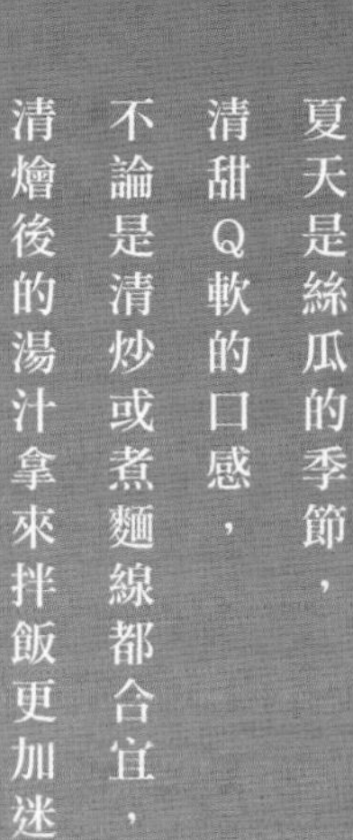

夏天是絲瓜的季節，
清甜Q軟的口感，
不論是清炒或煮麵線都合宜，
清燴後的湯汁拿來拌飯更加迷人。

材料

絲瓜	600 公克（1 條）
紅蘿蔔	30 公克
木耳	30 公克
玉米筍	30 公克
鴻禧菇	40 公克
雪白菇	30 公克
薑	10 公克

調味料

水	300 公克
鹽	2 公克
糖	3 公克
昆布粉	3 公克
香油	20 公克

芡汁

太白粉	20 公克
水	60 公克

做法

1 絲瓜去皮切塊；紅蘿蔔削皮切長方片；木耳切長方片；玉米筍切斜片；鴻禧菇去除根部剝散；雪白菇去除根部剝開；薑切細絲；芡汁調勻備用。

2 熱鍋加入些許香油，下薑絲煸香後，加入紅蘿蔔、鴻禧菇、雪白菇拌炒，放入絲瓜翻炒後，加入水，再放入木耳及玉米筍，以鹽、糖、昆布粉調味，待絲瓜軟化後，再勾薄芡即成。

\瑋廚小叮嚀/

五彩銀杏燴。

難易度 ★★ 4~6人份

繽紛五彩的蔬菜搭配上山藥，還有具抗氧化的白果，讓清淡飲食也能夠攝取大量營養。

材料

香菇	60 公克
山藥	350 公克
紅椒	40 公克
黃椒	40 公克
小黃瓜	60 公克
銀杏	40 公克（約 18 顆）

調味料

香油	20 公克
水	200 公克
鹽	2 公克
糖	3 公克

芡汁

太白粉	20 公克
水	60 公克

做法

1 香菇切丁；山藥削皮切小丁泡水；紅椒、黃椒去籽切小丁；小黃瓜縱剖為 4 份（一開四），去籽切小丁；芡汁調勻備用。

2 熱鍋加入香油，下香菇丁煸香後加入紅黃椒、小黃瓜拌炒，加入水，以鹽、糖調味，再放入銀杏及山藥丁，煨煮約 5 分鐘入味後，再勾薄芡即成。

\瑋廚小叮嚀/

竹筍燴三鮮。

難易度 ★ 4~6人份

用麻竹筍燴煮三種以上鮮蔬，綜合所有蔬菜的甜味，適量的澱粉質讓筍子吃起來更滑溜，也是一道很下飯的料理。

\瑋廚小叮嚀/

材料

竹筍	500 公克（去殼）
紅蘿蔔	30 公克
木耳	30 公克
玉米筍	50 公克
香菇	100 公克
素排骨酥	20 公克

調味料

香油	20 公克
水	1,000 公克
鹽	2 公克
糖	5 公克
昆布粉	5 公克
美極鮮味露	2 公克

芡汁

太白粉	30 公克
水	60 公克

做法

1 竹筍切片；紅蘿蔔去皮切三角片；木耳切三角片；玉米筍切斜片；香菇片薄片；芡汁調勻備用。

2 熱鍋加入些許香油，下香菇片煸香，再加入紅蘿蔔、木耳、玉米筍拌炒，放入竹筍翻炒後，加入水，以鹽、糖、昆布粉、美極鮮味露調味，待竹筍軟後放入素排骨酥，再勾薄芡即成。

娃菜鮮干貝。

難易度
★★
4~6
人份

利用口感細嫩
潤滑甘甜的娃娃菜
搭配使用杏鮑菇製成的素干貝，
是一道視覺
具備山珍海味的吉祥菜餚，
非常適合在過年期間享用。

材料

娃娃菜	300 公克
杏鮑菇	200 公克
枸杞	10 公克
薑	10 公克

調味料

奶油	30 公克
香油	10 公克
水	200 公克
鹽	2 公克
糖	5 公克
昆布粉	3 公克

芡汁

太白粉	10 公克
水	20 公克

做法

1 娃娃菜洗淨後切半；杏鮑菇切小段（約厚度 3 公分），正反面皆切花刀（見 P.11「璋廚小叮嚀」）；薑切細末；芡汁調勻備用。

2 取一容器排入娃娃菜；杏鮑菇用平底鍋加入奶油煎至上色，置於娃娃菜旁，放入蒸籠以中火蒸 15 分鐘。

3 先取出蒸熟的娃娃菜湯汁置於碗中。取炒鍋，放入香油，將薑末炒香，加入娃娃菜湯汁及水，以鹽、糖、昆布粉調味，加入枸杞後勾薄芡，淋於娃娃菜上，再佐上炸杏鮑菇絲（可省略）。

璋廚小叮嚀

・[illegible]

鮑菇燴冬鮮。

難易度 ★

4~6 人份

鮮美的冬瓜不但能製作成湯品，更適合以清燴方式，讓冬瓜的鮮甜濃縮於燴汁當中，非常下飯。

\瑋廚小叮嚀/

[illegible]

材料

冬瓜	600 公克（去皮後約 500 公克）
鮑魚菇	100 公克
木耳	30 公克
玉米筍	50 公克
毛豆仁	40 公克
枸杞	10 公克
老薑	20 公克

調味料

香油	20 公克
熱水	700 公克
鹽	2 公克
糖	3 公克
昆布粉	5 公克
胡椒粉	2 公克

芡汁

太白粉	30 公克
水	60 公克

做法

1. 冬瓜削皮去籽切小塊；鮑魚菇切小塊狀；木耳切小片；玉米筍切斜段；老薑切薄片；芡汁調勻備用。

2. 熱鍋加入香油，下鮑魚菇煸炒至金黃，加入老薑炒香，放入冬瓜及熱水，以鹽、糖、胡椒粉、昆布粉調味，蓋上鍋蓋以中小火燜煮約 15 分鐘，再加入木耳、玉米筍及毛豆仁續煮 5 分鐘，起鍋前加上枸杞，再勾薄芡即成。

牛蒡野菜煮。

難易度 ★
4~6 人份

被譽為養生聖品的牛蒡，
在烹煮過後質地變得軟嫩，
同時也讓湯汁變得鮮甜，
搭配上蔬菜
熬煮後更加美味。

材料

牛蒡	200 公克
玉米筍	80 公克
香菇	40 公克
秋葵	50 公克
紅蘿蔔	50 公克
蒟蒻小捲	50 公克

調味料

沙拉油	20 公克
水	1,000 公克
鹽	3 公克
糖	10 公克
香菇煮友	45 公克
味霖	30 公克

做法

1 牛蒡刷去外表，切滾刀塊泡水備用；香菇連蒂頭一起對半切；秋葵洗去外表細毛，蒂頭削成筆尖狀；紅蘿蔔削皮後，切成滾刀塊備用。

2 熱鍋加入沙拉油，下牛蒡、紅蘿蔔及香菇拌炒，待牛蒡香味出來後加水並調味，待水沸騰後，放入秋葵、玉米筍及蒟蒻小捲，以小火慢煮 20 分鐘即成。

\瑋廚小叮嚀/

芹香花枝。

難易度 ★

4~6 人份

經典熱門快炒菜，利用蒟蒻花枝圈炒製，清脆的芹菜搭配少許沙茶，帶出整道菜的風味。

材料

蒟蒻花枝圈	180 公克
紅蘿蔔	30 公克
木耳	30 公克
玉米筍	50 公克
芹菜	60 公克
薑	20 公克

調味料

水	300 公克
鹽	2 公克
糖	3 公克
胡椒粉	2 公克
素沙茶	10 公克
烏醋	5 公克
香油	20 公克

芡汁

太白粉	20 公克
水	60 公克

做法

1 紅蘿蔔切長方片；木耳切長方片；玉米筍切斜段；芹菜挑掉葉子切小段；薑切細絲；芡汁調勻備用。

2 鍋加入香油，下薑絲煸香後，加入紅蘿蔔及玉米筍拌炒，再下蒟蒻花枝圈翻炒，加入水，並以鹽、糖、素沙茶調味，再加入木耳、芹菜，起鍋前加入烏醋，再勾薄芡即成。

\瑋廚小叮嚀/

芹菜烹調時間不宜過久，以免造成纖維老化，不易咀嚼。

香椿豆腐。

難易度 ★★
4~6 人份

打破常見的
香椿拌豆腐做法，
改搭配鮮菇及猴頭菇，
以清蒸方式讓滑嫩的豆腐
與食材原味完整呈現，
讓香椿更增添風味。

材料

板豆腐	300 公克
香菇	50 公克
紅蘿蔔	40 公克
桶筍	50 公克
罐頭猴頭菇	180 公克
新鮮香椿葉	10 公克

調味料

香椿嫩芽	20 公克
醬油	10 公克
素蠔油	10 公克
鹽	2 公克
糖	10 公克
胡椒粉	2 公克
水	120 公克

做法

1. 豆腐切成 10 片 5×5 公分大小；香菇（選擇直徑約 5 公分）去蒂頭；紅蘿蔔、桶筍也分別切成 10 片 5×5 公分大小；猴頭菇擠乾水分，分為 10 等分；新鮮香椿葉及香椿嫩芽切成末。

2. 所有調味料放入大碗中，加入 120 公克的水，拌勻成蒸汁醬料。

3. 盤中以板豆腐為底，依序堆疊排上猴頭菇、紅蘿蔔、桶筍及香菇，將香椿末取適量置於香菇上頭，淋上醬汁，以大火蒸 12 分鐘即成。

\ 瑋廚小叮嚀 /

・本身如果有吃蛋，將板豆腐更改為蛋豆腐也是不錯的選擇。

西谷素圓。

難易度 ★★★
4~6 人份

運用西谷米Q彈特性，製作出如同肉圓般的外皮，搭配炒香的餡料，每一口咬下都能吃到飽滿爽口的滋味，當主食或當配菜吃都很值得推薦。

\瑋廚小叮嚀/

- 西谷米是樹薯粉製作而成，本身具有黏性，若太乾可加入水，太黏手可以用油脂潤滑。
- 餡料也能夠加入香椿，增添風味，變成香椿素圓滋味更獨特。
- 皮絲是油炸製品，所以汆燙熱水後再洗淨，可去除多餘油脂，也可以將皮絲換為乾豆腐皮代用。

材料

西谷米	300 公克
水	360 公克
沙拉油	50 公克
乾香菇	30 公克
竹筍	80 公克
皮絲	50 公克
豆薯	100 公克
芹菜	50 公克
玉米粒	60 公克

調味料

香油	20 公克
鹽	2 公克
糖	3 公克
素蠔油	40 公克
胡椒粉	2 公克
沙拉油	50 公克

做法

1. 西谷米、水及沙拉油先浸泡 2 ～ 3 小時備用；乾香菇泡軟切丁；竹筍切小丁；皮絲以熱水煮軟後，洗乾淨多餘油脂再切小丁；豆薯削皮切小丁；芹菜拔除葉子，切細末備用。

2. 熱鍋加入些許香油，下乾香菇及皮絲煸香，加入筍丁、豆薯、玉米粒拌炒後，以鹽、糖、素蠔油、胡椒粉調味，起鍋待餡料涼透，再拌入芹菜末。

3. 西谷米泡好揉成團後，分成 18 等分，搓圓後再壓扁包入做法 2，整型成圓球狀排入盤中，放入蒸籠以中大火蒸 15 ～ 18 分鐘即成。

珍珠丸子。

難易度 ★★
4~6 人份

常見於港式飲食餐廳的珍珠丸子，以大豆纖維及豆腐為肉醬搭配蔬菜及香Q糯米蒸製而成。

材料

長糯米	150 公克
小麥調理漿	180 公克
板豆腐	120 公克
乾香菇	5 公克
紅蘿蔔	30 公克
玉米粒	30 公克
馬蹄	20 公克
芹菜	20 公克
薑	10 公克

調味料

鹽	3 公克
糖	5 公克
胡椒粉	5 公克
五香粉	2 公克
太白粉	30 公克
香菇煮友	5 公克
香油	10 公克

做法

1. 長糯米泡水 4 小時備用；板豆腐壓碎擠乾水分；乾香菇泡發後切碎；紅蘿蔔切細末；馬蹄拍扁切碎；芹菜切末；薑切成細末備用。

2. 準備大碗將小麥調理漿、豆腐泥、乾香菇末、紅蘿蔔末、玉米粒、馬蹄末、芹菜末、薑末放入拌勻後，加入所有調味料，稍微甩打讓素肉餡出漿產生黏性，分成小顆狀，外裹上長糯米。

3. 準備蒸籠，放入珍珠丸子以大火蒸製 25 分鐘，待糯米熟透即成。

瑋廚小叮嚀

難易度
★★
4~6
人份

芋鑲黃瓜。

有別一般傳統的鑲肉，利用芋泥加入鮮蔬做成內餡，清香爽口同時也能吃到食物本身的原味。

材料

大黃瓜	600 公克（1 條）
芋頭	150 公克
乾香菇	5 公克
紅蘿蔔	30 公克
玉米粒	30 公克
芹菜	30 公克
豆苗	50 公克
髮菜	10 公克
枸杞	5 公克

調味料

水	200 公克
鹽	2 公克
糖	3 公克
香油	20 公克

醃料

胡椒粉	2 公克
鹽	2 公克
糖	3 公克
香油	10 公克
麵粉	20 公克

芡汁

太白粉	20 公克
水	60 公克

做法

1. 大黃瓜削皮，每 3 公分切成段，將中心籽去除；芋頭去皮切片蒸 15 分鐘；乾香菇泡發切末；紅蘿蔔切末；芹菜拔掉葉子切細末；豆苗汆燙冷卻；芡汁調勻備用。

2. 熱鍋放入醃料中的香油，下乾香菇、紅蘿蔔炒香，放入玉米粒翻炒，加入醃料中的胡椒粉、鹽、糖調味；蒸熟芋頭搗成泥狀，與炒熟的餡料、芹菜、麵粉攪拌均勻。

3. 大黃瓜內撒上少許太白粉，將做法 **2** 鑲入填實，上方做出一個圓頂，將蒸盤上擦油依序排入，開大火蒸 20 分鐘。

4. 取一盛盤，盤中以豆苗鋪底，放上蒸熟的鑲黃瓜，置於一旁備用。

5. 準備一個鍋子，倒入調味料中的水、鹽、糖、香油，加入髮菜與枸杞，以大火煮滾後，再勾薄芡備用，淋在做法 **4** 上即成。

瑋廚小叮嚀

大黃瓜鑲上芋泥，無須蒸過久，以免黃瓜過於軟爛，視覺口感不佳。

翡翠高麗菜捲。

難易度★★★
6 捲

高麗菜包裹多種蔬菜，經過蒸煮後鮮甜的滋味完全鎖在捲裡，以清爽湯汁淋上增加滑口的感覺，不知不覺胃口大開。

瑋廚小叮嚀

・高麗菜汆燙完全軟化後才能捲用。

材料

高麗菜	6 大片
生豆包	200 公克
乾香菇	10 公克
紅蘿蔔	30 公克
木耳	30 公克
芹菜	30 公克
薑	10 公克
枸杞	5 公克
青豆仁	10 公克

調味料

香油	20 公克
鹽	2 公克
糖	3 公克
胡椒粉	3 公克
水	50 公克

芡汁

A

鹽	2 公克
糖	3 公克
香油	15 公克
水	100 公克

B

太白粉	20 公克
水	50 公克

做法

1 高麗菜用熱水汆燙後以冷水漂冷；生豆包切絲；乾香菇泡發切細絲；紅蘿蔔切絲；木耳切絲；芹菜切末；薑切細末；枸杞泡水備用。

2 熱鍋加入些許香油，下乾香菇炒香後，加入薑末、紅蘿蔔及木耳拌炒，再放入豆包並以鹽、糖、胡椒粉調味，加入 50 公克水及芹菜翻炒起鍋放涼備用。

3 取高麗菜葉，放上做法 2 餡料，捲起後封口用麵糊黏住，擺入盤中依序完成 6 份，放入蒸籠以中火蒸 10 分鐘。

4 準備小鍋加入芡汁材料 A、青豆仁跟枸杞，煮開後試味道再加入芡汁材料 B（事先調勻），完成後淋於高麗菜捲上即成。

冰糖百合南瓜。

難易度 ★
4~6 人份

南瓜含有豐富的鉀離子，同時具有高膳食纖維，利用清蒸方式更能品嘗原味，搭配上冰糖提味，也是非常適合減重人食用。

材料

南瓜	500 公克
紅棗	50 公克
百合	80 公克

調味料

鹽	1 公克
冰糖	20 公克

做法

1. 南瓜削皮去籽後切塊；百合剝散泡水備用。
2. 準備蒸籠，將南瓜放入盤中，將鹽及冰糖撒上，加入紅棗，入鍋蒸 10 分鐘。
3. 南瓜蒸熟後，放上百合再續蒸 10 分鐘即成。

\瑋廚小叮嚀/

鹹香芋塊。

難易度★★ 4~6人份

新鮮芋頭搭配
乾香菇及椒鹽，
製作出芋香味濃郁的芋餅，
不論是直接享用
或以小火煎製都相當可口。

材料

芋頭	300 公克
乾香菇	10 公克
芹菜	60 公克

調味料

鹽	2 公克
糖	3 公克
胡椒粉	2 公克
五香粉	1 公克
水	1 大匙
低筋麵粉	40 公克
太白粉	40 公克
香油	10 公克

醬料

素蠔油	60 公克
糖	10 公克
薑末	15 公克
辣椒末	20 公克
香菜	5 公克
水	30 公克
香油	10 公克

做法

1 芋頭削皮切細絲；乾香菇泡發切絲；芹菜拔掉葉子切細末，全部放入鋼盆中，加入鹽、糖、胡椒粉及五香粉等調味料拌勻，靜置 15 分鐘後，再加入 1 大匙水與低筋麵粉、太白粉拌勻備用；醬料放入大碗調勻備用。

2 準備一個淺盤（方、圓不拘），底部擦上調味料中的香油，將做法 1 填入整型，放入蒸籠 / 電鍋內蒸 20 分鐘（電鍋外鍋一杯水）。

3 蒸好取出放涼，待冷卻後切小塊排入盤中，醬料調勻附在盤中，方便食用時搭配。

\瑋廚小叮嚀/

粉蒸地瓜。

香甜的地瓜及杏鮑菇以粉蒸粉醃製後，五香風味讓清蒸料理層次更加迷人，讓人禁不住一口接一口。

材料

地瓜	300 公克
杏鮑菇	300 公克

調味料

水	20 公克
甜麵醬	20 公克
辣豆瓣醬	20 公克
醬油	10 公克
糖	15 公克
粉蒸粉	60 公克
香油	10 公克

做法

1 地瓜削皮後切薄片；杏鮑菇切片備用。

2 取一大碗，放入所有調味料及 20 公克的水拌勻，再加入做法 **1** 拌勻。

3 取一個扣碗，內鋪保鮮膜，先將地瓜排滿扣碗底部及邊緣，再將杏鮑菇填入中間至填滿。

4 準備蒸籠，放入製作完成的做法 **3**，以大火蒸煮 15 ～ 18 分鐘至地瓜熟透，將扣碗倒扣於盤中取掉保鮮膜即成。

璋廚小叮嚀

- [illegible]
- [illegible]

難易度★★★

4~6人份

金香扣玉璽。

選用白菜梗及香菇，盤入扣碗中蒸熟保留鮮甜湯汁，原汁原味讓食材本身鮮味得以完整呈現。

材料

大白菜梗	300 公克
紅蘿蔔	100 公克
桶筍	100 公克
大香菇	1 朵
草菇	100 公克
毛豆仁	20 公克

調味料

鹽	2 公克
糖	5 公克
香油	20 公克

芡汁

太白粉	10 公克
水	20 公克

做法

1 紅蘿蔔切薄片；桶筍切薄片汆燙；大香菇去蒂頭，刻上十字花刀後汆燙；草菇汆燙後切片；芡汁調勻備用。

2 取一扣碗，最底部放上刻花的大香菇，外圍鋪貼上大白菜梗，再將紅蘿蔔片及桶筍片排入壓緊，最後填上草菇片，入蒸爐以中火蒸 15 分鐘。

3 蒸熟後將扣碗倒扣於盤中，將湯汁倒回鍋中，加入調味料及毛豆仁煮勻，再勾薄芡淋於白菜上即成。

瑋廚小叮嚀

[illegible]

樹子蒸絲瓜。

難易度 ★★★
4~6 人份

鮮甜的絲瓜
用清蒸方式
以甘甜的樹子輔佐，
同時纏繞於絲瓜上的麵線
更吸附飽滿的湯汁，
一口咬下，
視覺味覺都滿足。

材料

絲瓜	300 公克
白麵線	85 公克
樹子	16 顆

調味料

樹子湯汁	50 公克
香油	10 公克
水	50 公克

做法

1 絲瓜削皮，每 6 公分切成段，每段再縱分為 4 份（全部約分成 16 等分），去掉粗籽；白麵線燙熟軟化，泡冰水冷卻備用。

2 將絲瓜纏繞著麵線，依序完成排列於盤內；將調味料全部放入大碗中拌勻，淋上絲瓜麵線，擺上一粒樹子於麵線上。

3 準備蒸籠或電鍋，以大火蒸 12 分鐘即成。

瑋廚小叮嚀

[illegible]

五味鮮蚵
P.95

滷味什錦
P.110

酸辣
西芹魷
P.96

青龍椒
炒豆乾
P.112

涼拌川耳
P.94

芝麻醬
芥蘭
P.97

香草豆乾
P.107

Part4 涼拌&小菜類

豆瓣箭筍
P.113

簡單的調味、

不簡單的好味道，

輕輕鬆鬆上好料！

金銀
珊瑚草
P.99

涼拌川耳。

川耳又名雲耳，爽脆的口感相當適合用來製作涼拌菜。除了富含人體所需的8種氨基酸外，含有大量鐵質。

材料

乾川耳 80 公克
大辣椒 20 公克
薑絲 40 公克

調味料

白醋 150 公克
麻油 30 公克
香油 40 公克
糖 50 公克
白芝麻 適量

做法

1 乾川耳以流動水泡發（約膨脹後分量為 600 公克）；大辣椒切斜片備用。

2 準備熱水將川耳過水汆燙後，放入冰塊水中冰鎮，將調味料放入大碗中，攪拌均勻成調味水備用。

3 將川耳瀝乾拌入調味水中，加入薑絲及辣椒片拌勻，置於冷藏室冰至隔日再享用，風味更佳。

瑋廚小叮嚀

- 乾川耳泡發後量的增幅很大，因此要控制好分量，原則上泡發程度約為原體積 8 ～ 9 倍。

五味鮮蚵。

肥美的草菇汆燙後，
以五味醬調味，
搭配上小黃瓜，
清爽口感讓人一口接一口，
是一道非常開胃的涼菜首選。

材料

草菇	300 公克
小黃瓜	60 公克
碧玉筍	20 公克
薑	20 公克
辣椒	10 公克
香菜	10 公克

調味料

蕃茄醬	40 公克
素蠔油	20 公克
白醋	15 公克
麻油	5 公克
糖	10 公克
飲用水	15 公克
地瓜粉	50 公克

醃料

鹽	1 公克
胡椒粉	2 公克
玉米粉	10 公克

做法

1 草菇削除蒂頭洗淨；小黃瓜及碧玉筍均切細絲泡冰水；薑、辣椒及香菜均切細末備用。

2 準備熱水，將草菇過水汆燙約 30 秒撈起沖涼後，加入醃料醃製 15 分鐘入味，續沾上地瓜粉再次過水汆燙，撈起放入盤中。

3 取一大碗，放入薑、辣椒、香菜，並加入調味料攪拌成均勻醬汁，淋在草菇上，再佐上小黃瓜及碧玉筍絲。

瑋廚小叮嚀

- 新鮮採購回來的草菇，若不馬上使用，要先用水燙過以免生水變得不新鮮。
- 若不吃香菜可以更改為九層塔，風味也是相當迷人。

酸辣西芹魷。

富含膳食纖維及營養的西洋芹，不只能夠當作熱炒菜，做為涼拌菜也相當適合，爽脆的口感搭配上酸辣的風味，是一道非常開胃的小菜。

材料

西洋芹	400 公克
紅蘿蔔	100 公克
木耳	100 公克
大辣椒	30 公克
蒟蒻白魷魚	150 公克

調味料

辣椒醬	70 公克
香油	20 公克
鹽	5 公克
糖	10 公克
白醋	20 公克

做法

1. 西洋芹削去纖維切成薄三角片；紅蘿蔔去皮切三角薄片；木耳切小方片；大辣椒去籽切菱形片；蒟蒻白魷魚切小片備用，亦請準備可飲用冷水（冰水）。

2. 燒一鍋熱水沸滾後，陸續將材料汆燙，西洋芹微軟即可；紅蘿蔔約燙 30 秒、木耳燙約 15 秒、大辣椒燙約 10 秒，最後汆燙蒟蒻白魷魚時，先在水裡加入鹽巴，再燙約 3 分鐘，過水後的食材，均放入冰水內冰鎮。

3. 所有食材漂冷後，把水分瀝乾加入調味料，拌勻後放置冰箱冷藏至少一個小時即可食用。

\瑋廚小叮嚀/

- 食材汆燙以達到殺青作用即可，燙過熟成品呈現會較為軟爛。
- 蒟蒻白魷魚汆燙時加入鹽巴，是利用鹽巴的滲透壓，讓蒟蒻更方便入味。

芝麻醬芥蘭。

芥蘭菜含有極為豐富的維生素A、C及鈣質，因富含「有機鹼」，因而略帶苦味。但只要汆燙後，即可去除苦味，再經過冰鎮，配上芝麻醬，就是好吃的涼拌菜，還可以一次補充大量的纖維及營養。

材料

芥蘭菜	600 公克
薑	20 公克
白芝麻	5 公克

調味料

芝麻醬	65 公克
無蛋沙拉	90 公克
醇米霖	45 公克
香菇醬油	12 公克
鹽	2 公克
飲用水	90 公克

做法

1 芥蘭菜削除粗纖維；薑切細末備用。

2 燒一鍋熱水，沸滾後，加入 1 大匙鹽巴、些許沙拉油，放入芥蘭菜過水汆燙約 30 秒，撈起後放入冰水中冷卻，擠乾水分，切成約 5 公分長段擺盤備用。

3 取一大碗，放入調味料及薑末拌勻，成為芝麻沙拉醬，淋於芥蘭菜上，撒上白芝麻即成。

\瑋廚小叮嚀/

- 滾水中放入鹽巴及油脂汆燙芥蘭菜，可有效去除芥蘭苦澀味。
- 芝麻沙拉醬亦可以做其他菜餚搭配，或搭配涼麵也很適合。

難易度
★
6
人份

椒麻干絲。

時常出現於餐廳的涼拌小菜，
冰冰涼涼
加上微辣的口感配上蔬菜，
讓人不禁一口接一口，
在家做，
花小錢就能做出一大鍋。

\瑋廚小叮嚀/

- 干絲油量不能省，以免吃起來會澀口，加入鹽巴汆燙可在涼拌時更容易入味。
- 若不吃辣可以將辣油更改為香油即可。
- 芹菜汆燙時間不能太久，以免造成纖維質老化，咀嚼不易。

材料

白干絲	600 公克
紅蘿蔔	70 公克
木耳	60 公克
大辣椒	30 公克
芹菜	100 公克

調味料

白醋	60 公克
香油	50 公克
辣油	30 公克
糖	20 公克
鹽	10 公克

做法

1. 白干絲剪成小段；紅蘿蔔去皮切細絲（約 5 公分長）；木耳切細絲；大辣椒去籽切絲；芹菜挑掉葉子後切小段備用，並準備可飲用的冷水（冰水）。

2. 燒一鍋熱水沸滾後，水中加入 1 大匙鹽巴，將白干絲放入沸水中汆燙約 1 分鐘，藉此去除豆生味，取出後放入冰水內；紅蘿蔔絲、木耳絲、辣椒絲及芹菜亦分別各汆燙 10 秒，並放入冰水內冰鎮。

3. 將浸泡汆燙過的食材水分瀝掉，再下調味料拌勻，稍微抓醃讓調味可以更快入味，放置冰箱至少兩個小時等待入味後即成。

難易度★
6人份

金銀珊瑚草。

被譽為海底燕窩的珊瑚草，含有高膠原蛋白、零膽固醇，營養價值極高，做為涼拌菜，也很適合輕食主義的人享用。

材料

乾珊瑚草 200公克
雪白菇 80公克
紅蘿蔔 30公克
芹菜 30公克
辣椒 20公克
薑 20公克

調味料

香菇醬油 20公克
素蠔油 20公克
白醋 40公克
香油 20公克
糖 10公克
白芝麻 適量

做法

1 珊瑚草泡發（清洗至少3～4次，每泡水1小時換水一次，持續4小時以上）；雪白菇去除蒂頭剝散汆燙；紅蘿蔔去皮切細絲；芹菜拔除葉子洗淨切小段；辣椒去籽切細絲；薑切細絲備用。

2 取一大碗，放入切絲的紅蘿蔔，加入些許鹽巴，稍微抓出水再洗淨；泡發完成的珊瑚草以食用水清洗。

3 取一大碗，放入所有調味料攪拌均勻，再將所有材料放入攪勻，放入冷藏約兩個小時，食用前撒上白芝麻即成。

\瑋廚小叮嚀/

・如果泡發珊瑚草擔心有腥味，可以在水裡滴入檸檬汁（不可過多以免造成珊瑚草糊化）；泡發水溫不能過高，否則珊瑚草容易變軟爛缺少脆感。

難易度 ★
6 人份

涼拌青木瓜雞絲。

青木瓜在泰國當地被普遍用來製作菜餚及沙拉，配上檸檬及辣椒，還有用杏鮑菇做成的雞絲，清爽酸辣的風味，是道非常可口的開胃菜。

材料

青木瓜	300 公克
紅蘿蔔	30 公克
小蕃茄	80 公克
杏鮑菇	60 公克
大辣椒	20 公克
芹菜	30 公克
去殼花生	20 公克

調味料

檸檬汁	30 公克
橄欖油	20 公克
鹽	5 公克
糖	10 公克

做法

1 青木瓜削皮去籽後，刨成細絲，並以鹽巴抓醃15 分鐘；紅蘿蔔去皮切細絲；小蕃茄一分為四、杏鮑菇剝成細絲過水汆燙 30 秒；大辣椒切細末；芹菜去除葉子洗淨後，切小段；去殼花生略微搗碎（需保留顆粒感）備用。

2 青木瓜抓醃出水後，擠掉澀水，再加入所有材料及調味料拌勻即成。

瑋廚小叮嚀

- 若不吃辣，可以將辣椒籽去除再切末，也可更換為香菜，另有不同風味。
- 杏鮑菇剝絲會有明顯纖維感，若切成片較無法呈現口感。

柚香山芋沙拉。

難易度 ★

4~5人份

中秋前夕正是文旦柚子產季，清甜爽口的柚子搭配上山藥，足以補充大量營養，並為沙拉增添許多風味。

材料

文旦柚子肉	300 公克
山藥	250 公克
豆薯	100 公克
玉米粒	60 公克
葡萄乾	60 公克

調味料

無蛋沙拉醬	120 公克
糖	5 公克

做法

1 文旦柚子剝去外皮及薄膜，將果肉剝成小塊狀；山藥削去外皮切小丁泡水備用；豆薯削皮後切小丁；玉米粒瀝乾水分備用。

2 鍋內放入冷水燒開，將山藥瀝乾後放入汆燙約3分鐘（外表無稠液即可），撈出放涼備用。

3 準備容器，將做法 2 放入，並陸續加入柚子肉、豆薯、玉米粒、葡萄乾，最後再以糖及沙拉醬調味攪拌均勻即成。

\瑋廚小叮嚀/

- 山藥汆燙僅是為了讓成品不要太黏稠，如果不敢吃生的，也可以汆燙至全熟。
- 此道菜可以加入堅果類增添口感及香氣，讓整體風味層次更顯明。

馬鈴薯沙拉。

難易度 ★
6人份

馬鈴薯有大量澱粉及醣類，常常做成沙拉被用來替代餐食，在西式料理是一道非常常見的冷菜類。

材料

馬鈴薯	500 公克
小黃瓜	100 公克
玉米粒	50 公克
蘋果	50 公克
罐頭水蜜桃	20 公克
葡萄乾	30 公克

調味料

無蛋沙拉醬	50 公克
黑胡椒粒	3 公克
鹽	2 公克
糖	5 公克

做法

1 馬鈴薯削皮後切成塊狀，泡水洗掉多餘澱粉；小黃瓜去頭尾，一條切成 4 條狀，去籽後切丁；蘋果去籽切丁泡鹽水；水蜜桃切丁備用。

2 將馬鈴薯放入蒸籠蒸 20 分鐘後搗成泥，待熟透後，加入鹽、糖、黑胡椒粒調味，拌勻後放涼，泡鹽水的蘋果撈起備用。

3 準備大碗，放入做法 **2**，再加入玉米粒、小黃瓜丁、葡萄乾、水蜜桃丁攪拌一下，最後加入無蛋沙拉醬拌勻即成。

\瑋廚小叮嚀/

- 小黃瓜可先泡冰水增加脆度、泡蘋果的鹽水中也可以加入冰塊，保持蘋果脆度。
- 成品完成可以放入冰箱冷藏，冰涼後享用更美味，水果搭配也可以更改個人喜好。

紅油肝片。

難易度 ★ 6人份

涼拌小黃瓜搭配上蒟蒻素肝片，以紅油調味，香辣微酸的口感，讓人欲罷不能。不吃辣的人也能用麻油來替代。

材料

小黃瓜	250 公克
紅蘿蔔	50 公克
木耳	30 公克
蒟蒻素肝片	200 公克
辣椒	20 公克
薑	20 公克

調味料

醬油	5 公克
素蠔油	10 公克
辣油	20 公克
香油	10 公克
糖	5 公克

醃料

鹽	2 公克
糖	3 公克
白醋	10 公克

做法

1 小黃瓜去頭尾拍扁切段狀；紅蘿蔔去皮切片狀；木耳切小片汆燙過水；素肝片汆燙過水；辣椒切片狀；薑切細末備用。

2 取一大碗，放入紅蘿蔔及小黃瓜，將醃料加入後，稍抓勻出水備用；取另一大碗，放入素肝片及木耳，再加入辣椒、薑末、調味料拌勻備用。

3 將做法 2 一起拌均勻，冰入冰箱約半小時即可食用。

瑋廚小叮嚀

- 小黃瓜拍扁力道需控制，以免拍碎造成口感及視覺不佳
- 素肝片是蒟蒻製品，使用前要先用鹽水汆燙，即可去除蒟蒻異味。

蒼蠅頭。

經典下飯料理，
用龍鬚菜及素肉拌炒，
以豆鼓調味，
做出鹹香夠味的
正港台菜料理。

材料

龍鬚菜	300 公克
素肉末	50 公克
黑豆豉	30 公克
大辣椒	10 公克
薑	10 公克

調味料

香油	20 公克
醬油	5 公克
糖	5 公克
胡椒粉	2 公克

做法

1 龍鬚菜切除尾端粗梗；素肉末泡發；大辣椒切末；薑切末備用。

2 準備熱水，放入龍鬚菜後汆燙約 30 秒，撈起泡冷水至冷卻，再擠乾水分切小丁備用。

3 開大火熱鍋，倒入香油，先放入辣椒末、薑末炒香，再加入素肉末煸炒後放入豆豉炒香，最後加入做法 2 的龍鬚菜，加入醬油、糖、胡椒粉調味，拌炒均勻入味後即成。

瑋廚小叮嚀

- 龍鬚菜烹調時間不宜太久，以免造成纖維老化，也不會縮水造成成品太少。
- 可以適量加水煨煮出豆豉味道，讓其他食材可以更入味。

雪菜豆乾。

難易度 ★
4~6人份

醃製後的雪裡紅搭配上豆乾，鹹香風味非常好扒飯，也是兒時記憶，常常做為便當菜的角色。

\瑋廚小叮嚀/

- 雪裡紅醃製過程中有時不慎摻入細小砂石，記得要清洗乾淨，漂洗後要擰乾水分。

材料

雪裡紅	300 公克
豆乾	120 公克
素肉末	50 公克
毛豆	60 公克
大辣椒	30 公克
薑	20 公克

調味料

沙拉油	200 公克
香油	20 公克
水	200 公克
辣豆瓣醬	10 公克
醬油	10 公克
糖	5 公克
胡椒粉	3 公克

做法

1. 雪裡紅洗淨後切丁稍微泡掉鹹味；豆乾切小丁；素肉末泡發；大辣椒切末；薑切細末備用。
2. 開中火熱鍋，倒入沙拉油，以半煎炸方式將素肉末及豆乾煸炒至金黃，撈起瀝油備用。
3. 開大火熱另一炒鍋，倒入香油，放入薑末及辣椒末炒香，加入雪裡紅拌炒後，放入豆瓣醬翻炒，再放入水、做法 2 的素肉末、豆乾及毛豆，並以醬油、糖、胡椒粉調味，炒乾後即成。

香草豆乾。

難易度 ★
6 人份

以新鮮迷迭香及香料慢火熬煮，將風味濃縮進豆乾裡，每一口咀嚼都是滿滿的香草風味，非常迷人，是最適合三五好友小酌時的下酒菜。

材料

豆乾角	600 公克
大辣椒	1 條
薑	20 公克
新鮮迷迭香	20 公克

調味料

沙拉油	20 公克
冰糖	100 公克
熱水	1,000 公克
醬油	75 公克
素蠔油	100 公克
迷迭香粉	5 公克
胡椒粉	5 公克
八角	2 顆
百里香	2 公克
乾燥迷迭香	2 公克

做法

1 豆乾角汆燙燙除豆生味；薑拍扁；新鮮迷迭香切碎備用。

2 開大火熱鍋，倒入沙拉油，先放入冰糖炒至焦糖化，欲起泡時加入熱水、醬油、素蠔油、迷迭香粉、胡椒粉、八角、百里香等（乾燥迷迭香不加入），再放入薑及辣椒，煮滾備用。

3 滷汁煮滾後，加入豆乾角以中小火滷製約 2 小時，欲收汁前撒上乾燥迷迭香增加香氣。

瑋廚小叮嚀

・豆乾需滷至收汁，風味及色澤都會非常到位。

油燜筍。

難易度 ★
4~6 人份

每年三~五月，
是桂竹筍的產季。
這時不妨來做這道
油潤鹹香的小菜——油燜筍，
搭配上素肉絲，
也能炒出筍子的鮮甜與美味。

材料

桂竹筍 400 公克
素肉絲 80 公克
大辣椒 30 公克

調味料

香油 30 公克
水 300 公克
醬油 20 公克
糖 5 公克
辣豆瓣醬 30 公克

做法

1 桂竹筍剝成絲狀切小段；素肉絲泡發；大辣椒切片備用。

2 準備熱水，將桂竹筍汆燙過水撈起備用。

3 開大火熱鍋，倒入香油，加入素肉絲煸炒後，放入大辣椒、辣豆瓣醬炒香，續加入桂竹筍拌炒，加水，並以醬油、糖調味，轉小火煨煮入味後，開大火收汁即成。

瑋廚小叮嚀

- 若非季節亦有水煮桂竹筍，但切記走水後再過水，可以去除異味。
- 桂竹筍烹調時油量要多一點，吃起來才不會澀口。

紫蘇梅蔭苦瓜。

難易度 ★ 4~6 人份

酸甜回甘的紫蘇梅，
配上整條苦瓜，
慢火細煮讓梅汁風味滲入苦瓜中，
熱熱吃，好下飯；
冰涼後吃很開胃。

\ 瑋廚小叮嚀 /

・苦瓜整條炸可保住本身甜分，籽不挖除燒煮過後口感獨特。

材料

白玉苦瓜 600 公克（1 條）
紫蘇梅 60 公克
紹興梅 20 公克
薑 5 公克

調味料

水 800 公克
鹽 2 公克
糖 20 公克
紫蘇梅汁 50 公克
醬油 10 公克

炸油

沙拉油 800 公克

做法

1 苦瓜去除頭尾；紫蘇梅去籽後果肉剁碎；薑切薄片備用。

2 鍋中倒入沙拉油，以大火燒至油溫約 160℃，將苦瓜放入，以中火炸至軟化，外皮呈現金黃後，瀝油起鍋。

3 大鍋中放入所有調味料，將苦瓜、紫蘇梅肉、紹興梅、薑片，以小火煮約 30 ～ 35 分鐘，待醬汁濃縮、苦瓜軟化即可，放涼後冷藏保存，風味更棒。

難易度
★
6
人份

滷味什錦。

利用炒糖製作出焦糖香氣，
並加入中藥香料滷出風味，
讓每一口滷味都能口齒留香。

材料

素米血	200 公克
大黑豆乾	200 公克
蒟蒻白板	200 公克
素肚	1 顆
百頁豆腐	1 條（約 200 公克）
大辣椒	1 條
薑	30 公克

調味料

香油	20 公克
熱水	1,200 公克
冰糖	30 公克
醬油	60 公克
素蠔油	40 公克
糖	15 公克
鹽	3 公克
五香粉	2 公克
胡椒粉	2 公克
八角	5 公克

做法

1 素米血切小塊；大黑豆乾切小塊；蒟蒻白板切小塊；薑拍扁備用。

2 準備熱水加入 1 大匙鹽，將大黑豆乾過水約 3 分鐘，去除豆生味；蒟蒻白板汆燙約 3 分鐘去除鹼味，撈起瀝乾備用。

3 開大火熱鍋，倒入香油，放入冰糖炒至焦糖化，欲起泡時加入熱水，並加入醬油、素蠔油、糖、鹽、五香粉、胡椒粉、八角調味，再加薑及辣椒，將滷汁煮滾備用。

4 滷汁煮滾後，將做法 2 的豆乾及蒟蒻白板、素肚、百頁豆腐放入，以小火滷製 1 個小時，再放入素米血後，再滷製 20 分鐘即可。

5 滷好後，取出所有食材，並將百頁豆腐切片、素肚切片擺盤即可，將滷汁濃縮做為醬汁淋上。

瑋廚小叮嚀

- 滷汁不變，材料可自己添加，依自己喜好的食材來滷製。
- 五香豆乾切開後容易散碎，翻攪力道要控制好，以免碎糊。

材料

青龍椒 200 公克
豆乾 100 公克
杏鮑菇 80 公克
大辣椒 20 公克
豆豉 20 公克

調味料

香油 20 公克
水 200 公克
醬油 5 公克
糖 5 公克
胡椒粉 2 公克

炸油

沙拉油 200 公克

做法

1 青龍椒去蒂頭切斜段；豆乾切絲；杏鮑菇切絲；大辣椒切片備用。

2 鍋中倒入沙拉油，以大火燒至油溫約 180℃，將豆乾過油炸至金黃；杏鮑菇過油至乾煸，分別撈起瀝油備用。

3 開大火熱鍋，倒入香油，放豆豉炒香後，加入青龍椒拌炒，再放入做法 **2** 的豆乾及杏鮑菇，並加入水、醬油、糖、胡椒粉及大辣椒，快速拌炒收汁即成。

青龍椒炒豆乾。

難易度 ★
4~6 人份

青龍椒又稱糯米椒，有著辣椒香氣卻沒有辣勁，甜味十足的糯米椒配上豆乾一起煸炒，不僅料理速度快，一上桌就是每個人都搶食的好味道。

\瑋廚小叮嚀/

- 青龍椒炒製時間不宜過久，以免變得軟爛失去口感。
- 豆乾若不過油，可以用煸炒方式，炒至外表金黃亦可達到同等效果。

豆瓣箭筍。

難易度 ★
4~6 人份

箭筍產於4至5月，清脆爽口的口感，配上豆瓣香辣風味，真是迷倒不少人，在產季來臨時，不妨多做一些大快朵頤吧！

\瑋廚小叮嚀/

・箭筍汆燙後，可以去除生味，讓箭筍甜味釋放出來。

材料

箭筍	400 公克
素肉末	60 公克
香菇	50 公克
大辣椒	20 公克
薑	10 公克

調味料

香油	20 公克
辣豆瓣醬	40 公克
醬油	5 公克
水	300 公克
素蠔油	10 公克
糖	5 公克

做法

1 箭筍過水汆燙；素肉末泡發；香菇切絲；大辣椒切末；薑切細末備用。

2 取一炒鍋，開小火，倒入香油，放辣椒末、薑末炒香，再加入素肉末、香菇煸炒後放入辣豆瓣醬炒香，加入箭筍拌炒。醬油以淋鍋邊方式，藉以增加香氣，再加入水，並以素蠔油、糖調味，轉中火煨煮5分鐘入味後即成。

酸豆炒肉末。

難易度 ★
4~6 人份

用長豆製作而成的酸豆，與素肉末拌炒，略帶微辣的口感，不僅是白飯殺手，也適合拿來拌麵。

\瑋廚小叮嚀/

- 酸豆口味較酸鹹，下糖量不能夠省略，才能夠中和。
- 酸豆是利用長豆醃漬而成，可以自製，也可在傳統市場買到。

材料

酸豆	300 公克
素肉末	120 公克
杏鮑菇	80 公克
大辣椒	20 公克
薑	10 公克

調味料

香油	25 公克
糖	8 公克
醬油	5 公克
水	100 公克

做法

1. 酸豆洗淨切小丁；素肉末泡發；杏鮑菇切小丁；大辣椒切末；薑切末備用。
2. 開大火熱鍋，倒入香油，加入辣椒末、薑末炒香，續放入素肉末、杏鮑菇煸炒，最後將酸豆放入拌炒後，以糖及醬油調味，再加入水拌炒收乾即成。

鹹香酸蒲。

難易度 ★
6 人份

蒲瓜盛產時，除了清炒或燴煮，若擔心因保存不當讓蒲瓜老化，還可以加以醃製，做為非常特別的下飯小菜。

材料

蒲瓜 900 公克
大辣椒 20 公克
香菇 60 公克

調味料

香油 20 公克
醬油 20 公克
糖 10 公克
胡椒粉 2 公克

醃料

鹽 5 公克
白醋 60 公克

做法

1 蒲瓜削皮切成薄片；大辣椒切薄片；香菇切片備用。

2 將蒲瓜加入醃料，醃製約 4 小時。

3 開大火熱鍋，倒入香油，放入辣椒片、香菇炒香，加入蒲瓜後，將醬油由鍋邊淋上，續以糖、胡椒粉調味，拌炒均勻入味後即成。

\瑋廚小叮嚀/

・醃製好的蒲瓜可以保存於冰箱內一個月，但不要碰到生水以免滋生細菌腐敗。

迷迭香
猴菇
P.127

羅勒
五彩蔬
P.125

酥炸
魷魚絲
P.134

義式
烤群菇
P.118

味噌醬
烤美人腿
P.124

藕香藥泥
P.130

蜜汁
棒棒腿
P.139

鴨腸串燒
P.122

Part 5 煎烤&炸物類

小火慢煎、
大火油炸，
大人小孩都喜愛！

奶油
焗白菜
P.120

義式烤群菇。

選用肥美的杏鮑菇以簡單香料醃製，搭配上其他不同口感菇類，炙烤過後的香氣十分迷人。

材料

杏鮑菇　200 公克
鮮香菇　100 公克
秀珍菇　100 公克
鴻禧菇　120 公克
黑美人菇 100 公克

調味料

義式香料 10 公克
胡椒鹽　3 公克
黑胡椒粒 10 公克
橄欖油　30 公克
鹽　3 公克
無鹽奶油 20 公克

做法

1 杏鮑菇以胡椒鹽及橄欖油 10 公克、黑胡椒粒 5 公克醃製；取一大碗將剩餘的橄欖油及黑胡椒粒、義式香料、鹽攪拌後，加入剩餘所有菇類拌勻。

2 烤箱以上下火 200℃ 預熱，烤盤內鋪上鋁箔紙，先將杏鮑菇放入烘烤 15 分鐘，再將剩餘的菇類排入烤盤內續烤 10 分鐘。

3 杏鮑菇取出切小塊後，再放回烤盤內，加上無鹽奶油續烤 5 分鐘出爐，將所有菇類拌勻即成。

\瑋廚小叮嚀/

- 杏鮑菇整根炙烤，可以保留水分，吃起來口感會更Q彈。
- 菇類烤製時間需要注意，以免過久變乾硬，並且注意不要重疊造成熟成不一。

義式烤香茄。

難易度 ★★ 4~6人份

茄子本身具有豐富的維生素E，是一種抗衰老的食材，因其含水量佔90%，利用義式香料調味烘烤，可以嚐到茄子本身甜分及香氣。

材料

茄子	300 公克
香菇	30 公克
牛蕃茄	100 公克
黃椒	40 公克
巴西里	10 公克
九層塔	20 公克

調味料

義式香料	5 公克
黑胡椒粒	2 公克
起司粉	3 公克
鹽	2 公克
糖	3 公克
橄欖油	10 公克

做法

1 茄子每 7 公分切成段後，橫切不斷刀；香菇切成小丁；牛蕃茄切小丁；黃椒去籽切小丁；巴西里剁碎；九層塔拔掉粗梗留葉切細碎。

2 取一個大碗放入香菇丁、牛蕃茄丁、黃椒丁、巴西里及九層塔，並加入調味料拌勻。

3 烤箱以上下火 200℃ 預熱，烤盤內鋪上鋁箔紙，放上茄子，中間開口擺入適量做法 **2**，入烤箱烘烤約 10 ～ 12 分鐘，烤熟後可以撒上少許起司粉做裝飾。

\ 瑋廚小叮嚀 /

- 茄子切開後容易氧化，但經過加熱就會變白，所以不用泡水。
- 可以適量加入起司絲，呈現焗烤風味也很迷人。

奶油焗白菜。

難易度★★
4~6人份

運用白醬，
搭配上鮮嫩白菜，
再鋪上滿滿的起司絲，
焗烤到表皮酥脆，
每一口都有著濃郁奶香味。

材 料

大白菜	600 公克
蘑菇	100 公克
乾香菇	30 公克
青豆仁	30 公克

調 味 料

無鹽奶油	50 公克
低筋麵粉	40 公克
鮮奶	300 公克
沙拉油	20 公克
水	600 公克
鹽	3 公克
糖	10 公克
焗烤起司絲	120 公克

做 法

1 大白菜洗淨切大片；蘑菇切厚片狀；乾香菇泡發後切成細絲備用。

2 準備一個鍋子，開小火放入無鹽奶油炒香（將奶油成分的水揮發）再放入過篩好的麵粉炒香，最後加入鮮奶煮至濃稠（過程中需要不斷攪拌）。

3 熱鍋加入沙拉油，把蘑菇及乾香菇炒香，放入大白菜翻炒至微軟後，加入 600 公克的水、做法 **2**，以鹽、糖調味，煨煮約 5 分鐘至白菜軟化，加入青豆仁拌炒，盛入盤中後，鋪上起司絲。

---

4 烤箱以上下火 200℃ 預熱，預熱溫度到達後，將下火關掉，僅以上火焗烤約 5 分鐘至表皮金黃酥脆即成。

\瑋廚小叮嚀/

- 白菜燒煮時間可以依喜好口感，做時間上的控制，達到最適合的口感。

鴨腸串燒。

難易度 ★★★
4~6 人份

細長的精靈菇經過熬煮，搭配蔬菜刷上特調烤肉醬汁，炙烤後香氣迷人，QQ脆脆的，不說還以為是真的脆腸呢！

\瑋廚小叮嚀/

- 白精靈菇熬煮過程要小心，以免攪拌過度讓精靈菇碎裂，不易串上竹籤上。
- 烘烤上色的狀況依各家烤箱而定，如時間到仍未上色，可以再烤幾分鐘。

材料

白精靈菇	200 公克
紅椒	50 公克
黃椒	50 公克
白芝麻	10 公克

調味料

熱水	900 公克
鹽	3 公克
糖	15 公克
醬油	10 公克
薑黃粉	5 公克

烤醬

素沙茶	70 公克
素蠔油	40 公克
糖	35 公克
波蜜果菜汁	100 公克

做法

1 紅椒去籽切小塊分成 15 等分；黃椒去籽切小塊分 15 等分；準備鍋子加入熱水，放入調味料煮至沸騰，將精靈菇放入煨煮約 20 分鐘，撈起放涼備用。

2 竹籤先串上一條白精靈菇，再串紅椒；再串一條白精靈菇；最後再串上黃椒，依序完成 15 串。

3 烤醬放入鍋中煮沸，燒煮至濃稠備用。

4 烤箱以上下火 200℃ 預熱，烤盤內鋪上鋁箔紙，擺上做法 2 的精靈菇串，刷上做法 3 的烤醬，先烤 5 分鐘，再刷一次醬汁，續烤 5 分鐘，出爐時撒上白芝麻即成。

孜然豆包排。

難易度 ★★★
4~6 人份

豆包是素食者常吃到的食材，
利用孜然風味，
做出如同漢堡排的樣子及口感，
讓視覺及味覺
達到中西合併的感覺。

材料

板豆腐	200 公克
生豆包	250 公克
紅蘿蔔	60 公克
鮮香菇	50 公克
芹菜	40 公克
玉米粒	40 公克

調味料

孜然粉	10 公克
胡椒粉	5 公克
鬱金香粉	5 公克
鹽	5 公克
糖	10 公克
素沙茶醬	20 公克
低筋麵粉	40 公克
太白粉	20 公克
沙拉油	40 公克

做法

1. 板豆腐捏碎；豆包切細碎；紅蘿蔔切小丁；香菇先切細絲再切碎；芹菜切細碎備用。

2. 將做法 1 加入玉米粒及調味料，甩打出漿後，加入麵粉及太白粉，抓捏成團再壓成餅狀。

3. 準備平底鍋加入沙拉油，放入豆包排以小火慢煎，熟透後將外表煎至酥脆即成。

・成品可再撒上孜然粉增加色澤及風味，或者佐以蕃茄醬也很迷人。

味噌醬烤美人腿。

選用台灣埔里特產筊白筍，好山好水的生長環境孕育出鮮甜口感，以日式味噌醃製後，鹹甜風味在嘴巴久久無法散去。

材料

筊白筍	5 根
白芝麻	適量

調味料

味噌	30 公克
味霖	15 公克
糖	5 公克
香菇煮友	10 公克
水	10 公克

做法

1 筊白筍剝去外殼，對切後切花刀備用。

2 取一大碗，放入所有調味料拌勻，將筊白筍放入醃漬約 15 分鐘。

3 烤箱以上下火 180℃ 預熱，將做法 **2** 放入烤箱內烘烤約 10 分鐘，過程中可以將剩餘調味料塗抹至筊白筍上，顏色上色後，撒上白芝麻增色，即可享用。

\瑋廚小叮嚀/

- 筊白筍不易醃製入味，除了切花刀（見 P.11「瑋廚小叮嚀」）醃漬外，烘烤時還要再塗醬汁。

羅勒五彩蔬。

難易度 ★
4~6人份

利用九層塔及花生打成青醬，搭配上新鮮蔬菜烘烤，富有濃郁的香味，讓清甜的蔬菜增添一番風味。

材料

紅椒	80 公克
黃椒	80 公克
櫛瓜	100 公克
茄子	80 公克
筊白筍	100 公克
九層塔	20 公克
去殼花生	10 公克

調味料

黑胡椒粒	2 公克
起司粉	5 公克
沙拉油	30 公克
鹽	2 公克

做法

1 紅椒去籽切大片；黃椒去籽切大片；櫛瓜切厚片；茄子切滾刀塊；筊白筍切滾刀塊；九層塔除梗留葉備用。

2 調理機內放入九層塔葉、花生及調味料，打碎成青醬備用；烤箱以上下火200℃預熱備用。

3 將做法 1 與做法 2 拌勻，以鋁箔紙包覆，放入烤箱烘烤 15 分鐘即成。

\瑋廚小叮嚀/

・青醬可以一次製備起來，用鋁箔紙覆蓋後放進冷凍或冷藏保存。

香煎干貝排。

難易度 ★★★
4~6 人份

取下金針菇蒂頭，強韌的纖維加上醃製後，以香煎方式做出如同干貝的口感，這是一道令人驚艷的素料理。

\瑋廚小叮嚀/

- 金針菇排醃製時建議每十分鐘上下翻面一次，完成入味的金針菇排會比原本縮小是正常的。

材料

金針菇	6 大把
花椰菜	60 公克
小蕃茄	50 公克
玉米筍	50 公克

調味料

素沙茶醬	50 公克
素蠔油	40 公克
醬油	20 公克
五香粉	1 公克
義式香料	2 公克
黑胡椒粒	2 公克
糖	5 公克
水	300 公克
沙拉油	200 公克

醬汁

蕃茄醬	60 公克
蠔油	50 公克
糖	15 公克
黑胡椒粒	7 公克
水	300 公克

芡汁

太白粉	40 公克
水	80 公克

做法

1 金針菇切下蒂頭處約 4.5 ～ 5 公分（6 個約 1,000 公克）；花椰菜去除纖維切小朵；小蕃茄對切；芡汁調勻備用。

2 花椰菜、玉米筍汆燙 30 秒撈起冰鎮備用；將所有調味料放入大碗中拌勻，將金針菇排放入醃製 1 小時。

3 鍋中放入沙拉油（油量足以淹過金針菇排一半），金針菇排撒上麵粉放入鍋中，以半煎炸方式煎熟，撈起瀝乾油脂後擺入盤中，以小蕃茄、花椰菜、玉米筍做盤飾。

4 準備另一小鍋，放入醬汁材料，煮開後試味道再勾芡，完成後淋於金針菇排上即成。

迷迭香猴菇。

難易度★★★　4~6人份

選用整朵新鮮猴頭菇製作成如同菲力的塊狀，配上香草香料醃製，與鍋面接觸產生炙燒的香氣。

材料

新鮮猴頭菇	600 公克
玉米筍	30 公克
小蕃茄	30 公克
巴西里	5 公克

調味料

鹽	2 公克
糖	10 公克
素蠔油	20 公克
五香粉	5 公克
沙茶醬	30 公克
義式香料	10 公克
迷迭香粉	15 公克
迷迭香葉	10 公克
太白粉	20 公克
水	100 公克

做法

1 猴頭菇過水汆燙後，以冷水洗去咖啡色的苦水；玉米筍汆燙備用；小蕃茄對切備用。

2 所有調味料放入大碗中拌勻，把擠乾水分的猴頭菇放入，醃製 1 個小時。

3 準備一煎鍋，加入些許沙拉油，把醃製好的猴頭菇稍微擠乾水分，放入鍋中以小火煎熟後，再開大火煎上色，即可盛盤，擺上玉米筍、小蕃茄、巴西里做裝飾即成。

瑋廚小叮嚀

- 新鮮猴頭菇有季節限定，也可以用乾燥猴頭菇製作，用熱水煮軟後再用流動水洗掉苦水。
- 若要讓猴頭菇口感更好，可以於醃汁當中加入蛋液後浸泡，蒸熟再煎製。

難易度
★★★
3~4人份

香甜腐燒鰻。

源自日本古代修行僧侶所想出的精進料理，利用最簡單食材加上不簡單的想法，這也是一種修行。

材料

老豆腐	400 公克
山藥	80 公克
牛蒡	120 公克
壽司海苔	1 片（尺寸約 19×20 公分）
檸檬	1/4
白芝麻	適量

調味料

鹽	2 公克
糖	3 公克
味霖	5 公克
海苔粉	10 公克
太白粉	15 公克

腐燒醬汁

素蠔油	15 公克
甜腐乳	10 公克
味霖	20 公克
糖	20 公克
水	50 公克

做法

1 豆腐製作前一天可壓重物去除水分；山藥削皮後打成泥狀；牛蒡洗淨，取約海苔片長度大小，對切成兩半；檸檬取 1/4；腐燒醬汁調勻備用。

2 老豆腐壓碎過篩成細泥狀，加入山藥泥及調味料拌勻成團狀。

3 海苔片（尺寸約 19×20 公分）對折後，先鋪上 1 公分厚度的豆腐泥（可用保鮮膜協助鋪平），於豆腐泥上平行放上切成兩半的牛蒡（兩根牛蒡中間需留 0.5 公分空隙），最後再放上剩餘豆腐泥整型成鰻魚形狀。

4 烤箱以上下火 180℃ 預熱，烤盤內鋪上鋁箔紙，放上做法 **2** 的素鰻，先烤 10 分鐘後，將調好的腐燒醬汁塗上，再烤 10 分鐘後調頭，再烤 10 分鐘（過程當中每 2 分鐘塗一次醬汁），出爐前撒上白芝麻做裝飾，冷卻後斜切擺盤，附上檸檬即成。

\瑋廚小叮嚀/

・豆腐泥要置於海苔片上需要有點耐心，慢慢鋪上後再整型。這是一道耗時的工夫菜，卻很值得做！

藕香藥泥。

難易度 ★★★
4~6 人份

取材於電影總舖師當中題材，利用秋季盛產蓮藕包覆著素肉餡及山藥，鬆棉的山藥配上炸得酥脆的蓮藕，每咬下一口都是幸福的滋味。

\瑋廚小叮嚀/

・不吃香菜也可以改為芹菜；若找不到調理漿可以用豆包漿替代。

材料

蓮藕	200 公克（1 節）
山藥	80 公克
紅蘿蔔	30 公克
香菜	20 公克
薑	10 公克
小麥調理漿	200 公克
玉米粒	40 公克

調味料

脆酥粉	50 公克
水	80 公克
鹽	2 公克
糖	3 公克
香油	10 公克
胡椒粉	5 公克
醬油	10 公克
太白粉	30 公克

炸油

沙拉油	500 公克

做法

1 蓮藕削皮切成約 0.5 公分厚的片狀，入水汆燙 5 分鐘取出備用；山藥削皮後打成泥；紅蘿蔔去皮切細碎；香菜取 15 公克切末；薑磨成泥；取調味料中的脆酥粉加水調勻，成脆酥麵糊備用。

2 將調理漿加入 60 公克山藥泥、玉米粒、紅蘿蔔末、香菜末、薑泥拌勻，再加入鹽、糖、香油、胡椒粉、醬油調味，稍微摔打讓素肉餡出漿有黏性。

3 汆燙好的蓮藕片冷卻後撒上太白粉，再將做法 2 的素肉餡上下夾附，塑型完成蓮藕餅。

4 鍋中倒入沙拉油，以大火燒至油溫約 160℃，將做法 3 均勻沾裹脆酥麵糊後，放入油鍋炸 5 分鐘，再開大火炸至外表呈現金黃後，瀝油起鍋。

5 最後在蓮藕餅上放上一小坨山藥泥及香菜做裝飾即成。

用茴香加入麵糊當中，以絲瓜沾裹後油炸酥脆，外酥內軟的口感，搭配茴香，香氣十分迷人。

材料

絲瓜　600 公克（1 條）
茴香　50 公克

調味料

椒鹽粉　適量
低筋麵粉　20 公克

炸油

沙拉油　800 公克

麵糊

低筋麵粉　150 公克
胡椒粉　2 公克
泡打粉　5 公克
沙拉油　30 公克
水　160 公克

做法

1 絲瓜削皮切小段去籽後再切成小塊狀；茴香洗淨後切細末，加入麵糊中調勻備用。

2 切好的絲瓜塊撒上麵粉，依序沾裹上麵糊。

3 鍋中放入沙拉油，以大火燒至油溫約 180℃，放入絲瓜炸至定型膨脹撈起瀝油，炸好的絲瓜旁附上一碟胡椒鹽，即可享用。

\瑋廚小叮嚀/

- 炸好的麵托金絲瓜要趕快享用，以免冷掉水分滲出造成麵衣軟化。
- 嗜辣者可以沾七味粉食用，配上日式醬汁也可以解膩。

椒鹽里肌。

酥炸過後的杏鮑菇，
佐以香料及椒鹽翻炒，
讓成品呈現外酥內嫩的口味，
是一道風味絕佳的料理。

材料

杏鮑菇	400 公克
老薑	20 公克
大辣椒	20 公克
九層塔	20 公克
碧玉筍	20 公克

調味料

低筋麵粉	15 公克
脆酥粉	70 公克
水	180 公克
地瓜粉	50 公克
香油	10 公克
胡椒鹽	8 公克

炸油

沙拉油	500 公克

做法

1 杏鮑菇切滾刀塊；老薑切細末；大辣椒切細末；九層塔去梗留葉切碎；碧玉筍切末備用。

2 杏鮑菇撒上麵粉，將脆酥粉加入 180 公克水調成麵糊淋進杏鮑菇內，最後加入地瓜粉使之乾鬆。

3 鍋中放入沙拉油，以大火燒至油溫約 180℃，放入做法 **2** 炸至金黃酥脆即可撈起瀝油。

4 取另一炒鍋，開大火放入香油炒香薑末、大辣椒末、碧玉筍末、九層塔末，再放入做法 **3** 拌炒，再撒上胡椒鹽快速翻炒即可盛盤。

瑋廚小叮嚀

- 杏鮑菇選擇新鮮大支，做出來的賣相較佳。
- 杏鮑菇裹上麵粉後，要靜置幾分鐘，待麵粉反潮（見 P.11「瑋廚小叮嚀」）後，再淋上脆酥麵糊，最後才能沾裹上地瓜粉油炸。

難易度 ★★★ 6個

藍帶起司雞排。

用豆包代替雞肉，包裹著素火腿及起司片，炸到金黃切開時，滿滿起司流出，是每個大小朋友都愛不釋手的炸物。

\瑋廚小叮嚀/

・油炸時以中火炸透，待浮起時再拉高油溫，內部的起司較容易融化。

材料

生豆包　300 公克
素火腿　100 公克
起司片　70 公克

調味料

黑胡椒粒 6 公克
胡椒鹽　5 公克
脆酥粉　80 公克
麵包粉　80 公克
蕃茄醬　適量

炸油

沙拉油　500 公克

麵糊

脆酥粉　80 公克
水　120 公克

做法

1 生豆包展開；素火腿切薄片分 6 片；脆酥麵糊調勻備用。

2 豆包內撒上黑胡椒粒及胡椒鹽，放上素火腿及起司片包裹起來。先均勻裹上脆酥粉，再沾上脆酥麵糊封口，再沾麵包粉塑型，依序完成 6 個起司雞排。

3 鍋中倒入沙拉油，以大火燒至油溫約 170℃，將起司雞排炸至金黃色浮起，拉高油溫至 180℃後，再起鍋瀝油，切開即可擺盤，附上蕃茄醬品嘗。

酥炸魷魚絲。

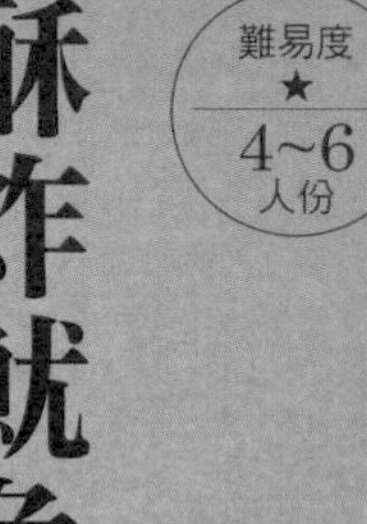

口感獨特的精靈菇，
經過多層次裹粉，
酥炸後加上芥末椒鹽，
一口咬下有如魷魚口感。

材料

白精靈菇	400 公克
九層塔	20 公克

調味料

脆酥粉	70 公克
水	180 公克
低筋麵粉	15 公克
地瓜粉	80 公克
芥末椒鹽粉	10 公克

炸油

沙拉油	500 公克

做法

1 將脆酥粉加入水 180 公克攪拌成糊；白精靈菇撒上低筋麵粉，拌入脆酥粉糊，最後撒上地瓜粉至外表乾鬆備用。

2 鍋中倒入沙拉油，以大火燒至油溫約 180℃，將沾裹粉的精靈菇入鍋油炸至金黃酥脆，起鍋瀝油，再將九層塔放入過油。

3 瀝乾油脂的精靈菇，撒上芥末椒鹽粉，擺上九層塔葉做裝飾即成。

\瑋廚小叮嚀/

・白精靈菇撒上麵粉，讓精靈菇可以與麵糊更加緊密黏合。

日式芥末排。

難易度 ★★★
6 個

用數種鮮蔬以芥末椒鹽炒香，
包覆於豆包內，
外裹上金黃麵衣，
咬下一口芥末香味直衝腦門，
是種停不下的好滋味。

\瑋廚小叮嚀/

- 芥末排沾粉時要封口完整，以免兩側爆餡，同時也會造成油脂跑入豆包內。
- 若不吃香菜，可以將香菜更改為芹菜，滋味也很棒。
- 可以一次製作大量放於冷凍，待要食用時微波解凍後，入油鍋炸至上色即可。

材料

紅蘿蔔	30 公克
木耳	30 公克
金針菇	30 公克
鮮香菇	30 公克
香菜	10 公克
生豆包	6 個（約 300 公克）

調味料

香油	10 公克
芥末椒鹽	10 公克
脆酥粉	160 公克
麵包粉	80 公克
沙拉油	10 公克

炸油

沙拉油　500 公克

做法

1 紅蘿蔔切細絲；木耳切細絲；金針菇去尾部，約 1 公分切段；鮮香菇片薄切細絲；香菜切末備用。

2 熱鍋加入沙拉油及香油，將做法 1 所有食材（除了香菜）放入炒香後，加入芥末椒鹽粉 5 公克調味。

3 生豆包攤開，撒上芥末椒鹽粉，包入做法 2 及香菜末，依序完成 6 個；先取 80 公克脆酥粉做為第一關乾粉；取 80 公克脆酥粉加 120 公克水調勻成第二關麵糊；麵包粉為第三關沾粉，依序將 6 份芥末排過三關沾粉。

4 鍋中倒入沙拉油，以大火燒至油溫約 170℃，放入芥末排油炸約 5 分鐘浮起，色澤呈金黃色即可起鍋瀝油，對切後再撒上一次芥末椒鹽粉即可上桌。

時蔬可樂餅。

難易度 ★★★

6個

真材實料
用馬鈴薯製作的可樂餅，
是大小朋友
都非常熱愛的小點心，
外酥內軟的口感還附有奶香味，
讓人吮指回味。

材料

馬鈴薯	600 公克	青豆仁	30 公克
紅蘿蔔	30 公克	素火腿	30 公克
玉米粒	50 公克		

調味料

鹽	2 公克	起司粉	10 公克
糖	5 公克	蕃茄醬	適量
黑胡椒粒	5 公克	麵包粉	80 公克
無鹽奶油	20 公克	低筋麵粉	50 公克

炸油

沙拉油　500 公克

麵糊

脆酥粉　60 公克　水　100 公克

做法

1. 馬鈴薯削皮切小塊，入鍋蒸 20 分鐘後，起鍋搗成泥狀；紅蘿蔔削皮切小丁過熱水；素火腿切小丁炒香備用；青豆仁過熱水備用；麵糊調勻備用。

2. 無鹽奶油放入大碗中，隔水加熱融化，加入馬鈴薯泥、紅蘿蔔丁、玉米粒、火腿丁、青豆仁拌勻，再加入鹽、糖、黑胡椒粒、起司粉調味後，先搓成團再壓成餅狀備用，共做成 6 塊。

3. 先取低筋麵粉第一關乾粉；再裹上麵糊成第二關麵糊；再沾上麵包粉為第三關沾粉後塑型，依序將 6 塊可樂餅過三關沾粉。

4. 鍋中倒入沙拉油，以大火燒至油溫約 180℃，炸至金黃色，起鍋瀝油，即可擺盤，附上蕃茄醬即可享用。

瑋廚小叮嚀

- 可樂餅可以一次製作大量，放於冷凍硬化後再分裝，食用時微波解凍直接油炸即可。

時蔬米丸子。

難易度 ★★★
6 顆

常常懊惱剩飯吃不完，不如改個方式製作成米丸子，外表炸至酥脆咬下，裡面還有滿滿的蔬菜及海苔風味，好涮嘴。

材料

泡菜	50 公克
紅蘿蔔	20 公克
起司片	3 片
白飯	160 公克
玉米粒	20 公克
海苔絲	10 公克
小麥調理漿	90 公克

調味料

鹽	2 公克
糖	3 公克
胡椒粉	2 公克
脆酥粉	50 公克
水	60 公克
麵包粉	50 公克

炸油

沙拉油	500 公克

做法

1 泡菜切細碎；紅蘿蔔切小丁；起司片對半分成 6 小片備用。

2 將白飯撥散加入泡菜末、紅蘿蔔末、玉米粒、海苔絲拌勻，並以鹽、糖、胡椒粉調味，搓捏成圓球後內包入一片起司，最外面包裹小麥調理漿，共製作成 6 大顆。

3 取脆酥粉 10 公克撒於做法 **2** 上，用 40 公克脆酥粉加 60 公克的水調勻為第二關麵糊，第三關沾裹上麵包粉，依序過三關完成 6 大顆。

4 鍋中倒入沙拉油，以大火燒至油溫約 170℃，放入做法 **3** 油炸約 5 分鐘，炸至金黃，起鍋瀝油即成。

瑋廚小叮嚀

・米丸子的配料可依個人喜好做更改，配上芝麻香鬆也別有一番風味。

芋香燒雞捲。

難易度 ★★★
4~6 個

酥炸後的雞捲，
內有著芋香風味，
一口咬下Q彈的口感，
搭配上燒雞，
將可減緩油炸後的油膩感。

材料

乾香菇	10 公克	豆薯	225 公克
素肉絲	60 公克	紅蘿蔔	100 公克
芋頭	325 公克	芹菜	75 公克
		半圓腐皮	3 張

調味料

醬油	5 公克	糖	10 公克
素蠔油	10 公克	五香粉	3 公克
香油	10 公克	胡椒粉	2 公克
鹽	5 公克		

炸油

沙拉油 500 公克

麵糊

低筋麵粉 10 公克　水 10 公克

做法

1 乾香菇泡發後切細絲；素肉絲泡發後擠乾水分；芋頭切成絲；豆薯切細絲；紅蘿蔔切絲；芹菜切細末備用。

2 將做法 1 放入大碗中加入調味料（醬油、素蠔油、香油、鹽、糖、五香粉、胡椒粉、地瓜粉）拌勻，稍微醃製約 5 分鐘。

3 半圓腐皮一張分為二，將做法 2 放在腐皮之上並捲起，封口處以麵糊封口。

4 鍋中放入沙拉油，以小火燒至油溫約 160℃，放入雞捲炸約 6 分鐘，起鍋前開大火拉高油溫逼油，取出瀝油後切片擺盤。

5 另取一炒鍋，放入辣椒末、薑末、水、冰糖熬煮至濃稠，加入白醋調味，即為雞捲沾醬。

瑋廚小叮嚀

- 炸捲時應以慢火炸，以免外表上色但裡面還未熟透。

蜜汁棒棒腿。

生豆包具有層次感，經過醃製後包裹著牛蒡，以蜜汁調味，讓視覺與味覺的衝擊都大大提升。

材料

生豆包　200 公克（4 片）
牛蒡　150 公克
低筋麵粉　適量

調味料

水　200 公克
麥芽糖　40 公克
醇米霖　40 公克
醬油　5 公克
糖　5 公克
白芝麻　3 公克

炸油

沙拉油　500 公克

醃料

醬油　10 公克
素蠔油　10 公克
五香粉　1 公克
麵粉　20 公克
水　60 公克

做法

1 生豆包展開，醃料調勻，將生豆包泡入醃製至少 20 分鐘；牛蒡取 15 公分，削除四邊成長方型，再一分為四，成為 4 條長條形備用。

2 鍋中倒入沙拉油，以大火燒至油溫約 160℃，將牛蒡過油炸熟備用。

3 將牛蒡沾上麵粉，將醃製好的豆包包裹於牛蒡置中點，先以牙籤固定，待豆包過油至上色定型後撈起，拔除牙籤，並從中間切開一分為二。

4 鍋內放入水，以麥芽糖、醇米霖、糖、醬油調味，慢慢收汁至濃稠（氣泡變大），放入棒棒腿快速翻炒拌勻，撒上白芝麻即可。

\璋廚小叮嚀/

・棒棒腿製作必須要捲緊固定好，以免過油時容易因為豆包膨脹而散開。

Cook50181

100道素的下飯菜。

輕鬆做出100道中西式扒飯料理

國家圖書館出版品預行編目(CIP)資料

素的下飯菜：輕鬆做出 100 道中西式扒飯料理 / 瑋廚（高振瑋）著 . -- 初版 . -- 臺北市：朱雀文化，2018.12
面；　公分 . -- (Cook50；181)
ISBN 978-986-96718-9-7(平裝)

1. 素食食譜

427.31　　107019573

作者	瑋廚（高振瑋）
攝影	徐榕志
美術設計	鄭雅惠
編輯	劉曉甄
行銷	石欣平
企畫統籌	李橘
總編輯	莫少閒
出版者	朱雀文化事業有限公司
地址	台北市基隆路二段 13-1 號 3 樓
電話	02-2345-3868
傳真	02-2345-3828
劃撥帳號	19234566 朱雀文化事業有限公司
e-mail	redbook@ms26.hinet.net
網址	http://redbook.com.tw
總經銷	大和書報圖書股份有限公司 (02)8990-2588
ISBN	978-986-96718-9-7
初版三刷	2022.02
定價	380 元
出版登記	北市業字第 1403 號

全書圖文未經同意不得轉載和翻印

本書如有缺頁、破損、裝訂錯誤，請寄回本公司更換。

About 買書

●朱雀文化圖書在北中南各書店及誠品、金石堂、何嘉仁等連鎖書店均有販售，如欲購買本公司圖書，建議你直接詢問書店店員。如果書店已售完，請撥本公司電話 (02)2345-3868。

●●至朱雀文化網站購書（http://redbook.com.tw），可享 85 折優惠。

●●●至郵局劃撥（戶名：朱雀文化事業有限公司，帳號 19234566），掛號寄書不加郵資，4 本以下無折扣，5 ～ 9 本 95 折，10 本以上 9 折優惠。